Más allá del AMOR

Aunque este libro esté basado en hechos reales, algunos nombres de personajes y varios detalles han sido cambiados para proteger los derechos de privacidad de los protagonistas. Por lo tanto, cualquier parecido con personas verdaderas, vivas o muertas, es pura coincidencia.
El autor de este libro no ofrece consejos médicos ni prescribe el uso de ninguna técnica como forma de tratamiento para problemas físicos o médicos sin el consejo de un médico, directa o indirectamente. La intención del autor es simplemente ofrecer información de carácter general para ayudar al lector en su búsqueda de bienestar físico, emocional y espiritual. Ni el autor ni el editor asumirán ninguna responsabilidad en caso de producirse cualquier daño o perjuicio derivados del uso que el lector haga de cualquier información o sugerencia contenida en este libro.

Título original: Non c'è vita senza amore
Traducido del italiano por Francisco Teruel Gutiérrez
Diseño de portada: Editorial Sirio, S.A.
Diseño y maquetación de interior: Toñi F. Castellón

www.editorialsirio.com
sirio@editorialsirio.com

I.S.B.N.: 978-84-18000-34-8
Depósito Legal: MA-1883-2019

Impreso en Imagraf Impresores, S. A.
c/ Nabucco, 14 D - Pol. Alameda
29006 - Málaga

Impreso en España

Puedes seguirnos en Facebook, Twitter, YouTube e Instagram.

Alex Raco

Más allá del AMOR

Cómo reconocer a tu alma gemela a través de las vidas pasadas

EDITORIAL SIRIO

A mi madre, que me enseñó que los límites no existen, y a Lily, un pequeño ángel terrenal.

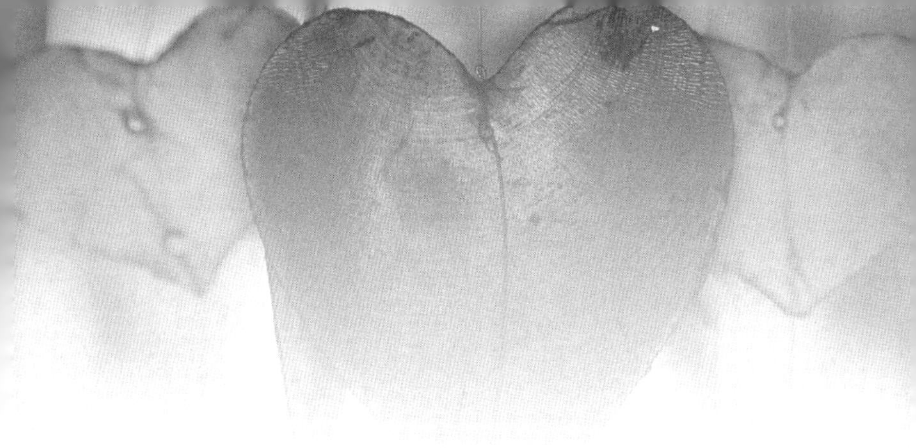

Índice

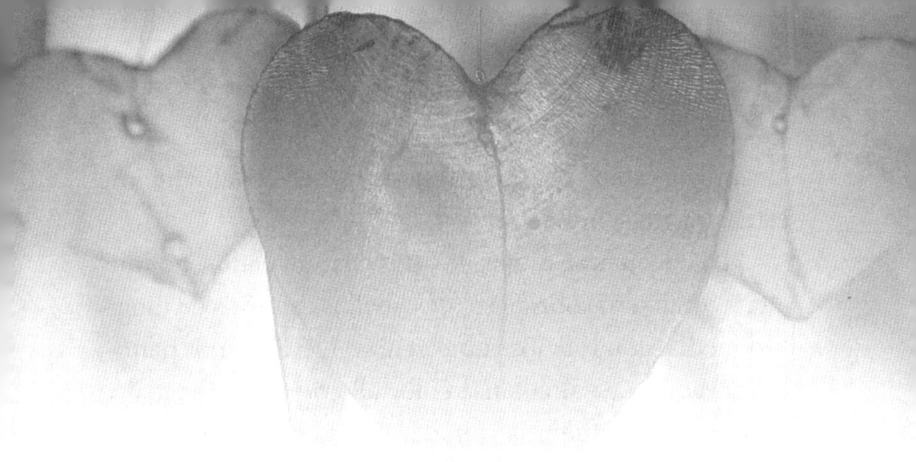

No abráis esa puerta

«Diana, hay una persona sentada en la silla junto a usted».

Aquellas palabras resonaron en mi cabeza como si tratara de recuperarme de un *shock*.

«¿De verdad he dicho yo eso?» me pregunté, todavía aturdido mientras los ojos asombrados de la joven que permanecía sentada al otro lado de la mesa seguían fijos en mí.

Todavía hoy me resulta difícil creer que una persona con mi pragmático y científico pasado pronunciara realmente esas palabras. Sin embargo, habían salido de mi boca exactamente así, de forma instintiva, sin control.

¿Qué estaba diciendo? Puede que efectivamente me estuviera volviendo loco.

Diana era una mujer de unos cuarenta años, no muy alta y con ligero sobrepeso, de cabellos castaños de longitud media, con reflejos rubio ceniza. Llevaba unos pantalones vaqueros y una blusa color albaricoque. Tenía algo especial, quizá fuera la mirada. Estaba allí, en la butaca situada frente a mí, con una persona anciana sentada a su lado. Una persona anciana que solo yo veía.

–¿Cómo es?, preguntó con un hilo de voz.

Me escuché a mí mismo describir a un hombre no muy alto de cabello corto y negro, con una incipiente calvicie en la parte superior de la cabeza. De complexión delgada, vestía una camisa blanca, ligeramente desabrochada, y unos pantalones de tela gris. Sus ojos oscuros y diminutos estaban fijos en Diana, con una mirada tierna.

Aún no había terminado de hablar cuando de repente una lámpara de pie que se encontraba justo detrás de la silla vacía junto a ella se encendió por sí sola. Ambos nos sorprendimos todavía más por aquel inesperado contacto eléctrico.

«¿Cómo? ¿Mi abuelo está sentado aquí a mi lado?». Diana interrumpió mis pensamientos. ¿O tal vez debería decir mis alucinaciones?

Me sentía confuso, no era consciente de lo que estaba balbuceando. Yo estaba muy afectado.

Cuando por fin recuperé el control de mi lengua, le expliqué que en realidad no había nadie sentado en aquella silla. Yo no había sufrido ninguna alucinación visual o auditiva. Sencillamente percibía una presencia y sabía cómo era. Entré en los detalles físicos de la persona que estaba «viendo» y Diana rompió en lágrimas.

–Cuando yo tenía tres años, mis padres emigraron a Alemania y me dejaron con mis abuelos. Ellos me criaron. Mi abuela siempre estaba demasiado ocupada para jugar conmigo. En cambio, mi abuelo me dedicaba tiempo, me enseñaba cosas, me ayudaba a enfrentarme a los pequeños desafíos cotidianos –dijo mirando hacia la silla vacía–. La descripción que ha hecho coincide con él.

La reacción de Diana me había dejado todavía más sorprendido, pero al mismo tiempo me daba el valor para comunicarle también el mensaje que, digamos que «telepáticamente», los ojos de su abuelo me estaban transmitiendo: «Todo irá bien, sigue adelante con la actividad que estás a punto de emprender». También aquel mensaje resultó ser pertinente.

No negaré que en aquel momento pensé que yo mismo lo había inventado todo. La parte racional de mi cerebro me repetía: «Te lo estás inventando todo, ahora sí que estás exagerando...». Y, sin embargo, había logrado dejar de hablar.

Hace muchos años que me dedico a las regresiones a vidas pasadas, un tema del que ya traté de forma detallada en mi primer libro, *Nunca es el final*.* Pero aquel día con Diana tuve la clara sensación de que lo que me estaba sucediendo tenía una connotación verdaderamente «sobrenatural».

Una cosa es inducir a una persona a la hipnosis y dejar que su subconsciente elabore percepciones relacionadas

---

* Editorial Sirio, 2019.

con los recuerdos de esta u otras existencias posibles y otra es tener percepciones extrasensoriales. Personalmente, siempre había considerado que quienes relataban este tipo de episodios no estaban del todo cuerdos. Desafortunadamente, o afortunadamente, mis estudios de posgrado en psicología y psicopatología me permitieron comprender que ni Diana ni yo estábamos afectados por ningún problema mental. Sin embargo, mi cerebro seguía diciéndome que lo que percibía tenía que ser el resultado de mi fantasiosa imaginación.

La mujer me confirmó que lo que le decía no le parecía una locura en absoluto. Su tranquila y sosegada reacción me sorprendió y me tranquilizó al mismo tiempo.

–Yo también siempre he pensado que soy rara. Desde niña he sido protagonista de sucesos digamos que, como mínimo, curiosos. Incluidos algunos fenómenos electromagnéticos como el de la lámpara que se ha encendido sola. Me sucedían cosas fuera de lo común –aseguró Diana–. Siempre me he sentido diferente a los demás, como si no lograra encontrar mi lugar en el mundo. Lo que usted me dice no es nada comparado con lo que yo podría contarle.

Mi parte más distante y empírica pensó: «Me he librado de causar una mala impresión».

Mientras tanto, recuperé el control de mis facultades. La joven había despertado mi curiosidad científica, siempre incrédula en cuanto a los temas sobrenaturales.

–Hace mucho tiempo cerré aquella puerta –me dijo–. Y nunca he hablado de esto con nadie. Cuando tenía cuatro o cinco años comencé a tener premoniciones. Por ejemplo, era capaz de saber algunas horas antes si alguien iba a llamar, y ya conocía el contenido de la llamada.

Después de una larga pausa, me miró y añadió:

–Y, además, no estaba sola.

–¿Cómo que no estabas sola? ¿A qué te refieres? –le pregunté, tuteándola y pidiéndole que también ella me tratara de tú, aunque ella prefirió no hacerlo.

–No estaba sola. Era como si percibiera otras presencias que no se encontraban en estado físico. Aquello me aterrorizaba, pero al mismo tiempo no tenía miedo en realidad. Es difícil de explicar. Es difícil transmitir la idea. Era como si a veces hubiera personas a mi lado a las que no podía ver, algo como lo que ha hecho usted al describir a mi abuelo. Yo sabía que estaban allí, aunque en realidad no había nadie.

–Pero tenías cuatro años. ¿No podrían ser amigos imaginarios? A los niños les sucede a menudo. –Mi parte racional había retomado el control total de mis afirmaciones.

–No. No eran niños. Eran personas adultas y su presencia a menudo me inquietaba. Cada vez que los percibía, esperaba que se marcharan pronto. Cerraba los ojos y les ordenaba que me dejaran, o más bien les rogaba que lo hicieran. Aunque en realidad no los temía, porque algo dentro de mí me decía que no querían hacerme daño alguno.

Estoy acostumbrado a escuchar historias de personas que durante la infancia se vieron obligadas a exigir a adultos que las dejaran tranquilas. Historias que a menudo se revelaban durante la hipnosis con informes detallados e inquietantes de la violencia sufrida.

Temía que cuanto me contaba Diana tuviera más que ver con experiencias más físicas que sobrenaturales y que su inconsciente hubiera modificado los recuerdos. Debido a un mecanismo de protección, nuestro cerebro cambia o incluso elimina episodios de naturaleza traumática de la memoria consciente, dado que, al ser tan dolorosos, no permitirían que la vida de los niños continuara de forma serena.

–A veces esas personas también me contaban cosas. No hablaban, claro, pero yo conocía el contenido de sus afirmaciones... como si se comunicaran conmigo telepáticamente. Algo así como el mensaje de mi abuelo de hace un rato –continuó.

–Por cierto –le pregunté curioso–, ¿a qué te dedicas?

–Soy maestra de primaria.

–¿Te gusta tu trabajo?

–Sí. Lo adoro. Siempre me han gustado los niños. Me gusta jugar con ellos y enseñarles cosas nuevas. Siempre trato de interactuar con ellos cuando tengo la oportunidad.

–¿Y qué nueva actividad te gustaría emprender?

–He fundado, junto con otras amigas, una asociación sin ánimo de lucro para ayudar a mujeres solteras con hijos. Es un proyecto que me hace feliz y que me asusta al mismo tiempo. Hay mucho trabajo por hacer, muchos aspectos legales y económicos. No estoy sola, pero la idea surgió de mí y me siento responsable.

Dejó de hablar, sonrió y me sorprendió con un «¡Gracias, abuelo!», mientras miraba la silla vacía a su lado.

–¿Tienes hijos? –le pregunté.

–Nunca me ha llegado el momento justo para tenerlos. Estuve casada durante casi diez años con un hombre que en realidad se había casado con su carrera. Nunca estaba para mí. Y los hijos son una aventura que requiere un gran compromiso, algo que él no tenía ningún interés en asumir.

Mientras la escuchaba, intuí la posibilidad de malos tratos de tipo psicológico. Él era un hombre de éxito, un emprendedor dedicado al comercio internacional. Cada vez que Diana trataba de entender a qué se dedicaba, él la hacía sentirse fuera de lugar. Al fin y al cabo, su marido se ocupaba de todo. Él era más culto y sabía interactuar socialmente mejor que ella. Comprendí por qué Diana se encontraba absolutamente cómoda con los niños. No se sentía juzgada por parte de ellos, como sí le ocurría con su pareja. Durante una década los malos tratos de tipo psicológico habían ido alimentando sus inseguridades. «Menos mal que ahora está su abuelo», pensé sin lograr ocultar una sonrisa.

–¿Tienes pareja actualmente –le pregunté.

–No. Estoy felizmente soltera. Después de mi matrimonio tuve otras dos relaciones. Pero acabaron mal. Creo que la inseguridad personal y la necesidad de tener un hombre a mi lado siempre me han hecho elegir personas dominantes. Acabé tocando fondo, incluso llegaron a pegarme e insultarme. Ahora vivo sola con mi perrita Daisy. Me gusta mi nueva vida; siento que me quiero y me acepto tal como soy.

Sus palabras me hicieron pensar en cuántas veces escuchamos las palabras «mi media naranja», como si una persona sola no estuviera completa.

Las razones, en mi opinión, son cualquier cosa menos románticas. Desde un punto de vista evolutivo, la familia es un fenómeno esencial como elemento fundacional de la sociedad al comienzo de la historia de la humanidad. La familia, y por lo tanto la pareja, es la presuposición misma de la supervivencia de la sociedad tal como la conocemos y entendemos en la actualidad. En el transcurso de la evolución humana, la familia sigue siendo la matriz fundamental del proceso de civilización. De ahí la necesidad imperiosa que tiene la sociedad de recordarnos constantemente que «debemos» estar en pareja. Si no formamos parte de una pareja, no tendremos hijos y, por lo tanto, pondremos en riesgo la supervivencia (económica) de la propia sociedad. Este mismo mecanismo se aplica de forma subliminal en varios niveles y en diferentes frentes: baste pensar en lo mucho que hacen hincapié las distintas doctrinas religiosas en el tema de la reproducción (matrimonio, familia, sexo, etc.). La supervivencia de cualquier núcleo social, incluida su religión, depende del tamaño numérico de sus miembros o de sus fieles. A menudo me pregunto si este modelo, que evalúa el valor de una sociedad o un pueblo en función del número de personas que lo componen, sigue siendo válido en la actualidad, cuando la Tierra está poblada por más de siete mil millones de habitantes.

Estaría bien que la sociedad reconociera el valor que se merecen las personas que están bien aun estando solas. Y que, en especial a las mujeres sin hijos, no les preguntaran continuamente sus amigos, familiares, conocidos e incluso desconocidos por qué no los tienen, como si su propia existencia no tuviera valor de por sí. En una época en la que la superpoblación constituye un enorme problema, también los solteros desempeñan un papel social bien definido, según mi opinión. Por descontado, no es mi intención de ninguna manera infravalorar la experiencia de ser padres, maravillosa desde el punto de vista humano y muy valiosa para nuestro viaje espiritual. He expresado clara y repetidamente mi opinión sobre la importancia del papel de padres e hijos en la evolución de nuestra alma. Lo que pasa es que, sencillamente, me gustaría que hubiera espacio para todos, también en este sentido.

Cada uno de nosotros es un artista divino. Si no nos limitáramos a lo que ven nuestros ojos y aprendiéramos a mirar con el corazón, más allá del aspecto físico, del color de la piel, de las creencias religiosas, de los diferentes usos y costumbres, lograríamos percibir cómo nuestra propia alma se refleja y se une a la de los demás; lograríamos comprender que todos brillamos con la misma luz maravillosa. Y, si volvemos a reencarnarnos múltiples veces, es para experimentar todos los roles y ser capaces de reconocer todos los matices posibles, a fin de aprender que el amor se encuentra dentro de todo ser, vivo o no vivo.

Mientras tanto, Diana comenzó a hablar de nuevo:

–Pero, aunque mi vida es feliz, siento que me falta algo, o tal vez debería decir alguien. pero, quién sabe, tal vez en otra vida. En esta he tenido relaciones importantes, pero no con mi alma gemela. Pero ¿existe eso? No creo.

–Por supuesto que existen las almas gemelas, querida Diana –le respondí.

Aunque identificar al alma gemela con el amor romántico es limitador. Un alma gemela puede regresar a nosotros en muchas vidas, desempeñando papeles muy diferentes. Puede ser nuestro marido o nuestra mujer, nuestro hermano, nuestra madre, un amigo, un compañero de trabajo, un maestro, una vecina e incluso a veces, aunque pueda parecer increíble, un animal. Un solo instante puede contener más amor que toda una vida. La vida es una película mucho más compleja de lo que un buen narrador puede escribir. El guion de nuestras existencias está escrito momento a momento por todo el Universo, incluidos nosotros mismos, que somos parte de él. Un solo instante puede encerrar la intensidad de un amor eterno.

–¿Cómo se reconoce a un alma gemela cuando se la encuentra?

–¡Tranquila! Si la encuentras, lo comprenderás sin duda alguna. –Todavía no sabía que precisamente Diana me ayudaría a profundizar en el sutil lenguaje de amor de las almas gemelas.

–Entonces yo todavía no la he encontrado.

–No necesariamente. No siempre conseguimos percibir su mensaje fuerte y claro. A veces, antes de reconocerla tenemos la necesidad de superar una experiencia determinada, de comprender una lección importante o recorrer una fase específica de nuestra existencia. El propósito de un alma gemela es ayudar a nuestra alma a crecer y fortalecer la esencia de ese amor del que todos somos partícipes. Las almas gemelas son compañeras de viaje. Al igual que un amigo de verdad no siempre se comporta como nos gustaría, un alma gemela no siempre coincide con nuestra idea previa. Pero volvamos a tu historia.

Diana frunció el ceño y respondió:

–Hay momentos de mi vida que no recuerdo de buena gana. No deseo volver a abrir esa puerta. Ahora vivo en paz y soy dueña de mis decisiones. Cuando era pequeña, mi abuela solía llamarme mentirosa cada vez que intentaba contarle lo que me pasaba. Me advertía para que no hablara de esas cosas porque me quedaría sola y no volvería a tener amigos. Lo cierto es que no se equivocaba: recuerdo que en la escuela se burlaban de mí, todos me decían que yo era rara, que me lo inventaba todo. Pero no era cierto. Era información que yo recibía. Yo sabía de antemano quién iba a llamar por teléfono y qué diría.

–Entonces, ¿eran verdaderas premoniciones?

–Sí. Me pasaba con frecuencia. Pero yo no quería conocer las cosas malas. Es posible que esta fuera la razón por la que bloqueé ese flujo de información. Era terrible saber que algo negativo iba a suceder y no ser capaz de hacer nada para evitarlo. Me sentía responsable de sufrimientos que yo no podía evitar.

Diana no es la primera persona que tiene este tipo de experiencia. Es un fenómeno bastante extendido. O, quién sabe, tal vez las personas que acuden a mí para una regresión ya tienen un portal abierto... Sé que otras personas, mediante la práctica, son capaces de «controlar» el flujo de información y decidir si desean recibirla y en qué momento. Parecía tratarse de una cuestión de experiencia.

En cuanto a Diana, puede que ella hubiera venido a verme porque era hora de aclarar un pasado que todavía la preocupaba.

–¿Qué tal si dedicamos la sesión de hoy a una regresión específica sobre este tema? –le propuse.

–Pues... no sé –respondió vacilante–. ¿Y si no volviera a ser emocionalmente la persona que soy ahora? ¿Si perdiera el equilibrio que creo que he alcanzado?

La tranquilicé. Durante una regresión nunca se pierde la conciencia. La parte consciente de nuestra mente y el inconsciente trabajan juntos. No es como en los sueños. Todos somos capaces, en cualquier momento, de examinar e interpretar cognitivamente la información que produce el inconsciente.

La experiencia de muchas regresiones me ha demostrado que es mucho más fácil alcanzar y experimentar el estado hipnótico que describirlo. La parte consciente y el inconsciente permanecen activos en cada situación. Durante el día, en el estado de vigilia, predomina la mente consciente, mientras que el inconsciente se limita a observar y registrar. Durante el sueño ocurre lo contrario: el inconsciente predomina a través de los sueños, mientras que la parte consciente se limita al papel de observador externo. El trance hipnótico es una vía intermedia que permite que la mente consciente y el inconsciente coexistan en un estado de ecuanimidad. Gracias a este trabajo «en equipo», se pueden analizar recuerdos, traumas o sensaciones de forma protegida pero objetiva, y siempre con el nivel suficiente de compenetración.

Diana se mostró convencida y dio su consentimiento.

Utilicé una técnica de inducción rápida que permite que el sujeto alcance el estado hipnótico en unos segundos y que, en mi opinión, es especialmente adecuada cuando se quiere que mantenga un estado de control consciente ligeramente mayor. Yo no quería que se involucrara de manera exagerada en los episodios que íbamos a revivir. Tras unos momentos, el cuerpo de Diana parecía completamente relajado mientras permanecía sentada. Su cuello ligeramente inclinado hacia adelante no me impidió notar que sus ojos se movían con gran rapidez en modo REM (*Rapid Eye Movement*) tras los párpados cerrados, y que respiraba de forma profunda y regular.

–Quisiera que tu inconsciente evocara un recuerdo, uno cualquiera de los miles de recuerdos posibles que están pasando por tu mente –le pedí–. Me gustaría que me dijeras dónde estás, si es de día o de noche y si hay alguien a tu lado.

–Estoy en casa –respondió–. Es una casa de campo de dos plantas. Estoy sentada en los primeros escalones de la escalera interior que conduce al piso de arriba y miro la puerta de entrada, que está cerrada. Me siento ahí a menudo, es uno de mis lugares favoritos. Es primera hora de la tarde.

–¿Cuantos años tienes?

–Cuatro o cinco, creo.

–¿Hay alguien en casa?

–Sí. La abuela, en la cocina. Está preparando algo o quizá limpiando, no lo sé.

–¿Cómo está vestida? –le pregunté, sin tener un interés particular por los detalles, pero sabiendo que esto la ayudaría a percibir la escena en mayor profundidad.

–Lleva un vestido largo oscuro y un delantal blanco con florecitas. ¡Es feísimo! –respondió, estallando en una carcajada espontánea.

–Entonces, ¿es un recuerdo feliz? –apunté.

–No estoy muy tranquila. –Su expresión había cambiado y parecía preocupada.

–¿Qué sucede?

–Hay una señora frente a mí. Está de pie entre la puerta principal y la escalera donde estoy sentada.

–¿Quién es?

–No lo sé. No la conozco. Es la primera vez que la veo. Lleva un vestido de tela gruesa bordado. Parece viejo; es estrecho en la cintura y muy largo . Le llega hasta los pies. Lleva una peluca blanca; también su rostro es blanco, parece muy pálida o quizá esté maquillada. Tiene un corte en la mejilla izquierda del que brota sangre. Y eso me asusta; no sé qué hacer. –Su cuerpo, aunque relajado, comenzaba a temblar, mostrando una evidente preocupación.

–¿No puedes pedir ayuda a la abuela?

–No, porque ella no me cree. No es la primera vez que veo gente y mi abuela me riñe; me dice que tengo que dejar de inventarme estas cosas. Pero yo no me lo invento; esa señora está ahí de verdad. Lo único que puedo hacer es cerrar los ojos y esperar a que se vaya.

Mientras decía estas palabras, bajó la cabeza y se llevó las manos a la cara. Como no quería que sufriera, la invité a dejar ese recuerdo y pasar a otro posterior.

–Tengo nueve años. Es de noche. Estoy en la cama en mi habitación. La lámpara de la mesita de noche está encendida. Qué extraño; me había olvidado por completo de mi habitación. La cama y la mesita de noche de ratán, el gran armario de laminado en color fresno y todos mis peluches en la otra cama gemela –susurró.

–¿Cómo te sientes?

–No estoy tranquila. La abuela vendrá pronto a desearme buenas noches y apagar la luz. No quiero que la apague.

–¿Por qué?

–Me da miedo la oscuridad. Suceden cosas extrañas en la oscuridad.

Estas palabras me preocuparon. Temía que tras ellas se ocultara un episodio de violencia sexual. Una escena que había presenciado muchas veces y a la que no me puedo acostumbrar: el horror de la violencia contra los niños.

–La abuela ha llegado, me da un beso en la frente y me acaricia dulcemente la cara. –Algunas lágrimas recorrieron las mejillas de Diana–. Ahora acaba de apagar la luz y se ha ido. Tengo miedo. –Comenzó a temblar.

–¿De qué?

–Hay alguien sentado en la cama junto a mí. Siento el peso de su cuerpo sobre el colchón. Creo que es el abuelo, pero no puede ser... está muerto. No puede ser, pero tengo la sensación de que es él. Siento su mano en mi hombro izquierdo, como él siempre hacía. No habla, pero yo escucho sus palabras en la cabeza. Me dice que esté tranquila, que nunca me dejará y que seguirá cuidando de mí para siempre.

Absorta, dejó de hablar e hizo una larga pausa. Luego, cuando me disponía a hacerle una pregunta, continuó:

–Hay alguien más junto a nosotros. Tengo miedo, no consigo moverme. Creo que no tiene malas intenciones, pienso que quiere decirme que él también me quiere, pero yo no lo conozco. Me dice que no tema, que nos volveremos a ver pronto, pero yo no sé quién puede ser. Es un hombre grande de cabello claro y mirada dulce. Parece un soldado. Viste un uniforme con una chaqueta larga. Nunca antes lo había visto. Finalmente consigo gritar y entre llantos llamo a la abuela, que viene corriendo. Cuando enciende la luz, no hay nadie. La abuela me dice que debo de haber tenido una pesadilla, pero yo estoy segura de que no estaba soñando porque percibí claramente la presencia física de esas personas –dijo Diana sollozando.

La devolví suavemente a un estado consciente de vigilia. Comentamos juntos los episodios que había revivido. Se tranquilizó cuando le dije que ella no era la primera que afirmaba haberse comunicado con personas que habían abandonado el mundo físico. Durante algunos años, he estado abierto a la posibilidad de que algunos fenómenos puedan trascender la realidad sensible. Cuando vivía en Estados Unidos, conocí a una médium cuyas habilidades habían sido estudiadas durante mucho tiempo. De ella aprendí que no se necesita ninguna habilidad en particular y que cualquiera puede comunicarse con la esfera «no física». Basta con confiar en la propia intuición y desarrollar sus capacidades. Pese a que en aquella ocasión la parte más racional de mi mente todavía no aceptaba ese tipo de fenómenos, pronto me vi obligado a cambiar de idea.

Pero volvamos a Diana. Existía la posibilidad de que ella fuera una persona altamente sensible (PAS), que reuniera rasgos de personalidad que la hacían propensa a este tipo de experiencias. Según la doctora Elaine Aron, psicóloga estadounidense que ha estudiado estas características desde 1991, se trata de personas de creatividad, intuición y empatía extremas. Se trata de un verdadero rasgo de personalidad, distinto y alejado de los que la psicología oficial reconoce actualmente.

Necesitaba entender si lo que Diana había contado durante la regresión era producto de su imaginación o si realmente tenía la capacidad de comunicarse con una realidad «paralela».

He sido testigo durante años de que la muerte no es sino un cambio de estado. Como si nuestros seres queridos, una vez abandonado el mundo físico, simplemente se encontraran en una habitación «invisible» junto a nosotros, desapareciendo de nuestra vista pero sin dejar de existir. Exactamente igual que una persona viva que se encuentre al otro lado de la puerta: está fuera de nuestro alcance visual y es imposible comunicarse con ella mediante la voz. Si nos limitamos a analizar la realidad con nuestros modestos cinco sentidos, resulta absurdo o imposible plantear la hipótesis de cualquier tipo de comunicación con este mundo «paralelo», pero si se deja espacio a la intuición, al sexto sentido que todos poseemos, no hay duda de que nuestro potencial podría llegar a sorprendernos.

La única cosa realmente valiosa es la intuición.

Albert Einstein

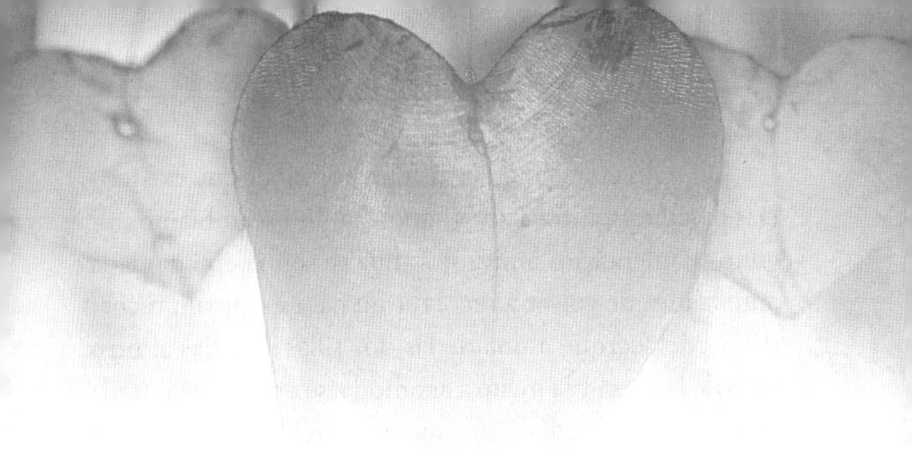

Cristales rotos

Fue un frío día de finales de enero cuando Diana volvió a visitarme. Pensándolo mejor, «fría» es una descripción que solamente utilizaría alguien acostumbrado a un clima templado y mediterráneo, puesto que el sol lucía en un terso cielo de un perfecto azul, y la temperatura a media mañana rozaba los catorce grados. Sin embargo, al caminar por las soleadas calles, aquel día se podía respirar en la ciudad la atmósfera punzante del aire seco y frío que recordaba a lugares distantes en el norte de Europa. Cuando entró en mi estudio, llevaba una gran bufanda gruesa y una voluminosa chaqueta acolchada de color verde. Volvieron a sorprenderme sus ojos iluminados por una luz brillante, testigos de la fuerza y de los intensos sucesos que habían marcado su vida.

Yo sentía una gran curiosidad por saber qué existencias pasadas exploraríamos aquel día. Intercambiamos algunos comentarios amigables. Ella se sentía emocionada ante la idea de volver a recorrer un pasado que no recordaba. Me acerqué a una de las dos sillas situadas al otro lado de la mesa y la invité a acomodarse en la que yo tenía enfrente. Yo no solía sentarme en aquel lado y no estaba seguro de si la razón de aquella elección era un tímido intento de acortar la distancia entre nosotros o si había sido mi inconsciente, todavía conmocionado por los hechos del encuentro anterior, que buscaba evitar que en aquella silla «se apareciera» de nuevo su abuelo.

Cuando le pregunté cómo estaba, me respondió que estaba feliz de haber vuelto y que no veía la hora de someterse a su primera regresión a una vida pasada. La invité de inmediato a acomodarse en la butaca, le pedí que cerrara los ojos y comencé la inducción a un estado de relajación hipnótica. Apenas habían pasado unos minutos cuando Diana comenzó a narrar.

–Estoy en la antesala de una habitación grande y luminosa. Veo frente a mí un sofá de madera oscura de estilo modernista, tapizado en un grueso tejido de color azul noche. La madera es brillante, paso una mano por el reposabrazos y lo siento muy suave, parece nuevo. A la derecha hay otro sofá similar de color rosa oscuro, casi morado. Una combinación singular que no me desagrada en absoluto. ¡Qué extraño! Tengo la curiosa sensación de haber sido yo quien ha elegido los colores. Incluso el papel pintado de las paredes me resulta familiar; y yo también lo he elegido... ¡Madre mía, qué feo es! La luz que se cuela desde la habitación de al lado es intensa. Entro. Está amueblada con muebles grandes pero muy hermosos: aparadores y armarios con acabados dorados también de estilo modernista ocupan por completo dos de las paredes de la gran sala. Enfrente, tres grandes ventanas de seis paneles cada una dan a la calle. Todo parece tan real, pero al mismo tiempo es absurdo. Creo que es mi casa.

–¿Eres hombre o mujer? –le pregunté, interrumpiendo aquella descripción tan inusualmente rica en detalles.

–Sin duda soy una mujer, a juzgar por los zapatos grises y oscuros, de tacón bajo y abrochados con cordones de tela que forman un lazo justo sobre el empeine. Sé perfectamente que mis manos, ocultas por largos guantes que llegan por encima del codo, son las de una mujer joven.

–¿Cuantos años tienes?

–Veinticuatro o veinticinco.

–¿Cómo te llamas?

–Margaret.

–¿Puedes describirme cómo eres?

–Tengo el pelo corto castaño claro, una melena Bob con flequillo, me lo he cortado hace poco. Llevo un vestido azul largo y recto, creo que de terciopelo con bordados en los costados y en el cuello.

–¿En qué parte del mundo te encuentras?

–Procedo de Inglaterra, pero ahora estoy en Tallin, en Estonia.

–Mira fuera –le sugerí–. ¿Qué ves?

–En la calle veo carros, carrozas y algún que otro automóvil. Las casas tienen tejados en punta; una arquitectura muy diferente de la que se encuentra en mi tierra natal. Oigo un crujido y me vuelvo al instante.

–¿Qué sucede?

–Un hombre acaba de entrar en la sala. Es alto y rubio; con el cabello en media melena engominado y peinado hacia atrás. Es elegante; lleva un chaleco gris oscuro con botones de terciopelo y pantalones del mismo color. Me toma en sus brazos y me besa apasionadamente. Me quedo sin palabras, incapaz de reaccionar; mi mente no identifica su rostro, pero mi ser reconoce sus labios, su abrazo e incluso su olor.

–¿Qué sientes? –le pregunté al ver un cambio en su expresión.

–Es raro sentirse en casa en los brazos de un extraño. Es una sensación increíble. Es como si no lo conociera en absoluto y al mismo tiempo lo conociera de toda la vida.

–¿Sabes quién es? –le pregunté.

–¡Sí! ¡Es mi marido! Se llama Juhan. Es un hombre de negocios; comercia con productos de perfumería y farmacia. Su empresa prosperó tras la declaración de independencia de 1918. Nos conocimos en Inglaterra, donde él estaba en viaje de negocios y no hemos vuelto a separarnos.

–Ahora contaré del uno al tres y cuando llegue al tres me gustaría que fueras al momento de la vida de Margaret en el que os conocisteis.

Conté hasta tres.

Diana se revolvió en la butaca. Me dio la impresión de que se había acomodado mejor, pero puede que fuera sugestión mía.

–Estoy en un salón de té en Londres con dos amigas. Desde un espejo en la pared observo la puerta de entrada. ¡Siempre tengo la manía del control! Y lo veo. Recortado en el hueco de la puerta, con su físico imponente, entra en compañía de otros dos hombres jóvenes. Mi amiga Alexandra los llama alegremente. Los conoce; de hecho, ¡está allí para encontrarlos! Comprende mi interés y en voz baja me dice que aquel joven fascinante es un hombre de negocios amigo de su hermano. Me impresionan su atractivo y elegancia. –Se interrumpió.

–¿Qué sucede? –le pregunté.

–Ahora es de noche y estoy en un salón de baile. Soy impulsiva y no acabo de adaptarme a las normas de la rígida sociedad londinense. Tengo estudios, estoy emancipada y, a diferencia de mis dos hermanas mayores, soy moderna. Incluso conduzco un automóvil. Me apasionan el *foxtrot* y el *charleston*; de noche salgo a bailar y fumar. Mi familia no está contenta con mi conducta, pero no consiguen retenerme en casa. Estoy bailando las notas de *Margie*, una canción muy popular este año. De pronto lo veo. Le hago un gesto, él se acerca y me saluda con expresión divertida. Finjo no sentir ningún interés hacia él y enciendo un cigarrillo. Él se acerca y me dice que mi amiga Alexandra le ha contado cuánto me apasiona mi nuevo automóvil, un Morris, y que él también tiene uno y que le encanta conducirlo a gran velocidad por las carreteras de su país. Me dice entre risas: «¡Podríamos echar una carrera!».

»Acepto su desafío y él hace una pausa. Se alza ligeramente y habla como para sí mismo. Ahora entiendo mi orgullosa actitud hacia los hombres y mi amor por los automóviles en la vida actual –dijo Diana, como si su mente consciente estuviera emergiendo del estado de trance. Luego se acomodó mejor en la butaca y retomó la historia.

–Juhan me invita a pasar unos días a su casa en Tallin. Acepto. Levanta la copa que lleva en la mano, exclama algo en ruso y lanza el vaso al suelo, rompiéndolo en mil pedazos. Afortunadamente, gracias al bullicio, a la música a todo volumen y al humo, nadie en la sala se da cuenta. Me explica que su madre es de origen ruso y que se trata de un gesto de buena fortuna. Bailamos y bromeamos durante toda la velada. Entre sus brazos me siento totalmente a gusto. Tengo la sensación de que algo importante puede nacer entre nosotros.

Había dejado que Diana hablara sin interrumpirla demasiado, presenciando lo fácil que había entrado en un profundo estado de trance y lo sencillo que le había resultado proporcionar detalles variados. Como ya se ha dicho, no es algo muy frecuente.

En este sentido, considero apropiado recordar brevemente al lector en qué consiste la hipnosis regresiva, una técnica significativamente diferente de la hipnosis clínica. Se induce en el sujeto un estado hipnótico moderado que estimula la activación de áreas específicas del cerebro. Puede ser descrito como un estado meditativo de hiperconciencia durante el cual el sujeto puede acceder a recuerdos aparentemente olvidados. No es común que una persona en este estado proporcione tanta información y yo no quería interrumpir ese flujo. Sin embargo, tenía que hacerle algunas preguntas.

–¿Puedes mirar a Juhan profundamente a los ojos, por favor, y decirme si reconoces su alma?

–Aunque tengo la sensación de conocerlo desde siempre, su alma no me recuerda a ninguna de las personas que forman parte de mi vida actual.

Era extraño porque por lo general, en presencia de relaciones profundas, reconocemos a las personas que nos son queridas en esta vida.

–¿Qué año es?

–Son los años veinte, probablemente 1925, aunque no estoy completamente segura.

Esa ligera incertidumbre había dado satisfacción a la parte escéptica de mi cerebro; esa que, aunque estaba acostumbrada por las muchas regresiones realizadas, sigue dudando y cuestionando la autenticidad de las experiencias.

Guie suavemente a Diana hacia más adelante en el tiempo.

–Estamos viajando; Juhan me corteja con insistencia. Siento que ejerce demasiada presión, incluso para una chica moderna como yo. A pesar de sentirme muy atraída, todavía no me siento lista –continuó.

–¿Adónde vais?

–Creo que de Londres a Tallin. Cuando llegamos, sus padres parecen sorprendidos de verme.

–¿Me los puedes describir?

–Su padre es un hombre atractivo de unos cincuenta años y de complexión todavía imponente y atlética, como Juhan, pero con bigote y cabello oscuro. En cambio, su madre es como el hijo, de cabello rubio miel. Es una mujer muy hermosa, a pesar de que sus orígenes humildes han envejecido prematuramente su rostro. Su mirada transmite tranquilidad y seguridad. Una vez que terminan los obligados cumplidos, me acompañan a mi habitación, donde podré refrescarme después de ese último largo día de viaje. Cenamos temprano y decido retirarme a mi dormitorio para leer. Alguien está llamando a la puerta.

—¿Quién es?

—Es Juhan, que me propone salir a dar una vuelta en coche. Estoy muy cansada, pero acepto; después de todo, es una hermosa tarde de principios de verano. Mientras exploramos los alrededores de Tallin, de repente detiene el automóvil a un lado de la desierta y arbolada carretera. Abre la puerta y se aleja en completa oscuridad, interrumpida solo por los potentes faros de nuestro automóvil.

—¿Dónde ha ido? —le pregunté. Parecía asustada.

—Ha bajado simplemente para coger del maletero una cesta que contiene una botella de champán y dos copas —responde más tranquila—. Vuelve a sentarse en el asiento junto al mío, descorcha la botella y, tras ofrecerme una copa de champán, apaga los faros y me invita a mirar hacia una estrella muy brillante. Es la estrella polar. Me explica cómo en su cultura la gente suele confiar sus deseos y sus proyectos a esa estrella y me invita a formular mi propio deseo. —Hizo una pausa durante mucho tiempo y su rostro adquirió una expresión feliz.

—¿Qué pasa después?

—Estamos de vuelta a casa y estamos haciendo el amor por primera vez. Me resulta difícil guardar silencio porque él, físicamente poderoso, es un amante impetuoso, que aparca los buenos modales y las barreras morales fuera del dormitorio. El amante perfecto para una mujer moderna como yo.

Lamentaba tener que interrumpir a Diana mientras ella revivía una experiencia tan agradable. Pero uno de los mayores beneficios de la hipnosis regresiva consiste precisamente en permitir que el inconsciente y la parte consciente del cerebro trabajen juntos para acceder a recuerdos olvidados y reelaborar heridas traumáticas. El estado hipnótico, de hecho, sirve para ayudar a las personas a comprender sensaciones, experiencias o recuerdos, pero no puede obligarlas a hacerlo. El sujeto puede negarse a responder las preguntas y hacer exactamente lo contrario de lo que se le solicita. Incluso puede salir del estado hipnótico si lo desea.

Yo estaba realmente asombrado por la riqueza excesiva de detalles que Diana estaba describiendo gradualmente. Quería saber si nos encontrábamos frente a la invención de una mente imaginativa o si todo tenía una conexión con su existencia actual. Dada mi formación científica, siempre he tenido problemas con lo que no se puede demostrar empíricamente. Y no digamos con lo que concierne a las coincidencias e intuiciones. Pero nosotros, los humanos y nuestra ciencia, somos extremadamente presuntuosos. Pretendemos explicarlo todo basándonos en demostraciones tangibles, en la observación de hechos, experiencias y fenómenos. Sin embargo, la ciencia se detiene en el límite insuperable trazado por nuestros cinco sentidos y por los instrumentos, también construidos por nosotros, que tratan de amplificarlos.

Como ya he tenido ocasión de decir, al comienzo de mi experiencia pensaba que los episodios relativos a percepciones extrasensoriales, coincidencias y efectos físicos extraños eran meras invenciones de personas dotadas de una marcada sensibilidad, pero nada más. Poco a poco, sin embargo, tuve que constatar que lo que podían parecer experiencias fantasiosas cuando un solo sujeto las contaba, asumía un valor estadístico si se confirmaba docenas de veces, sobre todo por parte de personas que no se conocían entre sí y con antecedentes totalmente diferentes.

Mientras tanto, gracias a mis instrucciones, Diana no tuvo dificultades para pasar a otro momento importante en la vida de Margaret.

–Han pasado algunos días desde que llegué a Tallin –continuó inmediatamente–, es una mañana agradable y soleada y Juhan está fuera atendiendo negocios. Ya conozco bastante bien la ciudad, lo suficiente como para considerarla incluso relajante, acostumbrada como estaba al bullicio de Londres. Así que decidí salir a pasear sola. Camino por las calles, transitadas tan solo por unas pocas personas y alguna que otra bicicleta. ¡Qué diferencia respecto de Londres! Algunos caminan con ritmo rápido; otros, como yo, mantenemos un agradable ritmo de paseo. La mayoría de las mujeres usan prendas amplias y humildes con pañuelos sobre la cabeza, mientras que otras están elegantemente vestidas con prendas finas y grandes sombreros. Estas últimas me observan, sorprendidas por mi vestido un poco estrecho y puede que también demasiado corto para sus costumbres, pero ciertamente impresionadas por la elegancia de mi corte de pelo y mis prendas elaboradas por *maisons* de alta costura parisina. Esas miradas de desaprobación de algunas y de envidia de otras no me molestan, sino que me divierten y me hacen sonreír. Me encanta ser el centro de atención y en esta ciudad me doy cuenta de que lo soy aún más. Mientras camino por una calle bordeada de árboles y bastante estrecha, pienso que he hecho bien en aceptar la invitación de Juhan. De repente, se me acerca un hombre alto, bastante joven y bien vestido. Lleva un traje de tres piezas y un elegante sombrero oscuro. Lo último que recuerdo es que me está pidiendo información sobre una tienda cercana.

—¿Qué quieres decir?

—Me despierto con un gran dolor de cabeza en una habitación oscura que huele a estiércol. El suelo es de tierra y la única luz es la que se filtra a través de las grietas de la puerta de madera. Más que una habitación, parece un establo.

—¿Qué haces ahí?

—Estoy acostada sobre una cama de paja y tengo las muñecas atadas con cuerdas. Ya no llevo mis zapatos y mi elegante vestido ha sido sustituido por una humilde larga túnica gris, ajustada en la cintura con un cinturón de cuerda. Tengo un pañuelo en la cabeza, similar a los que he visto hace pocos minutos en algunas mujeres de Tallin. ¿Pero de verdad se trata de solo algunos minutos? Ya no tengo la certeza, y la confusión, mezclada con el dolor de cabeza, hace que las cosas sean todavía más complejas.

—¿Cuánto tiempo ha pasado?

—No lo sé. Empiezo a gritar. Como única respuesta a mis gritos de auxilio, una mujer entra en el establo.

Aunque la luz que viene del exterior me ciega temporalmente, puedo percibir que está vestida como yo, con un vestido amplio y un pañuelo anudado detrás de la cabeza.

–¿Quién es?

–Parece una campesina, tendrá unos cuarenta años pero aparenta muchos más. Tiene los ojos verdes muy claros y rasgos muy delicados, pero su belleza se ve ensombrecida por la rosácea que cubre sus mejillas. Me ofrece agua y me habla en un idioma que no conozco, creo que es ruso. Debo de estar en la nueva Unión Soviética, pienso. Ella es amable, pero resuelta, casi brusca en su forma de actuar. Le pregunto si habla inglés, si me entiende; ella me hace un gesto negativo con la cabeza. También le pregunto dónde estoy, le explico que vengo de Tallin, que soy inglesa, le ruego que me ayude porque alguien me ha llevado allí en contra de mi voluntad. La mujer no entiende y ahora asiente con la cabeza, pero más que una aliada en ese momento me parece un carcelero. Me hace señas para que espere y se va, cerrando la puerta y devolviéndome a la oscuridad. Después de unos minutos llega un hombre, también campesino; tiene cincuenta años o puede que menos. Viste modestamente, con unos pantalones oscuros bastante viejos y una camisa de manga larga muy gastada que se ve limpia. No es feo: tras las arrugas debidas al trabajo en los campos se encuentra una cara de rasgos regulares. La mirada dura y profunda de sus pequeños ojos azules, que recuerdan a los de un niño, parece haber perdido el candor y la pureza hace ya mucho tiempo. Le hago las mismas preguntas y me responde en ruso mientras me desata las muñecas. Mediante gestos, me hace entender que solo debo dirigirme a él, que le pertenezco. Tirando de mí, me arrastra al exterior mientras trato de explicarle entre lloros que debe de haber un error, que yo soy inglesa y alguien me ha llevado allí contra mi voluntad. Cuando salgo del establo me doy cuenta de que no solo mis palabras son vanas, sino que también lo sería cualquier intento de fuga se me pasara por la cabeza. A mi alrededor, a lo largo de kilómetros y kilómetros, solo hay campos. No consigo ver más que trigo; un desierto amarillo de trigo.

Diana dejó de hablar por unos momentos.

–¿Qué sucede ahora?

–Creo que han pasado algunos días y, visto que no soy útil para trabajar en el campo, el hombre, cuyo nombre he descubierto que es Iván, ha decidido que me dedique a las tareas domésticas. Me doy cuenta de que, pese a ser una mujer emprendedora y valiente, me conviene esperar el momento adecuado para intentar escapar. Necesito tiempo para elaborar un preciso plan de fuga. Nunca me pierden de vista, siempre estoy en compañía de al menos otras dos o tres personas.

–¿Dónde os alojáis?

–Vivimos todos en una gran casa de madera con techo de paja; no es muy diferente del establo donde estuve los primeros días. Pasamos la noche en el suelo sobre tablas de madera, lo que hasta unos días antes yo habría definido como camas improvisadas. Por lo general duermo en una habitación grande con otras mujeres jóvenes, todas ellas rusas. Aunque la otra noche, al no querer que yo llamase demasiado la atención, Iván me volvió a llevar al establo y me hizo dormir atada y amordazada. La noche anterior hubo una especie de festival de la cosecha al que asistieron muchas otras personas del país vecino. Deduzco de esto que hay un lugar en las cercanías donde podría pedir ayuda tras mi huida. Después de todo, no me ha ido mal.

—¿Por qué?

—He descubierto que entre los invitados de aquella noche había numerosos jóvenes que después mantuvieron relaciones sexuales con las otras chicas que vivían en la granja. Entre los campesinos, este tipo de costumbre está muy extendido y se considera más una necesidad física que un acto de lujuria, pero yo no habría querido participar en absoluto. Tengo que agradecer al destino el haberme ahorrado lo que habría podido ser una experiencia muy desagradable. Hasta hoy he estado a salvo. Ni siquiera Iván, pese a considerarme propiedad suya, ha intentado aprovecharse sexualmente de mí. Pero aún no he tenido ocasión de encontrar una manera de escapar. Ahora estoy dentro de la granja preparando la comida con las otras mujeres y advierto que han llegado unos forasteros.

—¿Sabes quiénes son?

—Se dirigen a Iván con autoridad, no entiendo lo que dicen porque hablan en ruso, pero creo reconocer una de las voces. ¡Parece la de mi amado Juhan! Pero ¿cómo es posible? No tengo tiempo para darme cuenta de que uno de los jóvenes que viven en la granja, un chico alto, gordo y rubio, a quien conozco bien y que siempre ha sido amable conmigo, llega corriendo a la habitación donde me encuentro. Pero esta vez su mirada me asusta. Recoge mis cosas en un pañuelo y tira de mí, tapándome la boca con sus callosas y grandes manos para impedir que grite. Salimos por una puerta trasera y, tras subir a un caballo, sus brazos fuertes y musculosos tiran de mí mientras nos alejamos galopando sin ser vistos.

–¿Adónde te lleva?

–No tengo ni idea. No puedo creer que esto esté sucediendo de verdad. Juhan estaba a apenas unos pasos de mí unos segundos antes y probablemente podría haber sido liberada. La única razón por la que no rompo a llorar es porque la tensión y los acontecimientos que se suceden con rapidez me lo impiden. Echada bocabajo sobre el lomo del caballo delante del joven, puedo ver la granja y a Juhan alejarse con mis impotentes ojos. Mis gritos resuenan en el silencioso mar de trigo, igual que si me encontrara a algunos metros bajo el agua, sin que nadie más que el joven ruso pueda escucharlos. Él continúa cabalgando con toda tranquilidad.

»Después de aproximadamente media hora llegamos a una carretera principal y nos detenemos frente a un hombre que lleva un carro. El joven que me ha traído hasta aquí a caballo habla con él y, aunque no entiendo exactamente qué se dicen, me doy cuenta de que están llegando a un acuerdo. El desconocido me agarra con fuerza y me hace subir al carro junto a él, mientras el joven le entrega el pañuelo que contiene mis pocas pertenencias. Trato de rebelarme, pero me rindo ante el poderoso agarre de su mano sobre mi delgado brazo.

–¿Puedes describirme a este extraño?

–Es un hombre de al menos cuarenta y cinco años, alto y con barriga, de cabello gris y largo que le cae a los lados, pero totalmente calvo en la parte superior de su redonda cabeza. Su rostro está enrojecido por el sol, pero su piel no está bronceada como la del joven y el resto de campesinos. Viste mejor que ellos, con camisa y chaqueta. Parece más un terrateniente que un granjero; de hecho, el joven lo trata con reverencia, sin prestar atención a mi mirada que implora ayuda. Tengo miedo de lo que este hombre puede querer hacer conmigo. Mientras nos alejamos en el carro, me acaricia los hombros y la cara; me sonríe. Pero en lugar de tranquilizarme, esa sonrisa me anuncia algo siniestro. Solo de pensar que hace tan solo unos minutos Juhan estaba a apenas unos pasos de mí, me hundo en la desesperación.

»Tras alrededor de tres horas llegamos a un pequeño pueblo y el hombre detiene el carro frente a una gran casa de dos plantas. Me ayuda a bajar, me invita a entrar y me confía al cuidado de una anciana vestida de negro con un pañuelo en la cabeza. Ella también solo habla ruso. ¡Maldición! Debería haber estudiado ruso en lugar de francés. Me lleva hasta una jofaina con agua caliente, me da ropa limpia y me hace señas para que me lave. Es el primer baño de verdad que he tenido desde que estoy aquí y la sensación del agua tibia y limpia en mi cara y mi cuerpo me regenera, mientras se mezcla con las muchas lágrimas que comienzan a brotar de mis ojos. No sé dónde estoy y si alguna vez podré volver a casa. Pienso en Juhan y en sus fuertes brazos que me sostenían y protegían mientras sigo sollozando.

—¿Viven otras personas allí?

—No lo sé. El propietario y yo cenamos solos, la mesa está bien servida, aunque la vajilla y los alimentos son sencillos. Comemos una sopa de repollo, queso y albóndigas. Nos sirve la misma anciana. Creo que ella es la única persona que vive con él; no es una pariente sino sin duda una criada, dadas las formas serviles que adopta hacia el hombre. Él me sonríe y trata en todo momento de agasajarme. Es evidente que intenta cortejarme. Me trata como si fuera su prometida o su esposa. Pero lo cierto es que él me ha secuestrado o me ha comprado. Muy asustada, procuro responder cortésmente, aunque lo que de verdad deseo sería romperle la cabeza o clavarle un cuchillo y escapar. Después de la cena, me lleva a una habitación con una pequeña cama con dosel y, aunque se trata de una cama de matrimonio, suspiro de alivio cuando finalmente se marcha y me deja sola. En el colchón hay un camisón de mujer limpio; no tengo ni idea de si pudo haber pertenecido a su esposa pero, dada la peculiaridad del bordado, no hay duda de que no pertenece a la anciana. En cualquier caso, me parece un lujo poder dormir finalmente en una cama de verdad con ropa suave y limpia, así que me desvisto y me deslizo debajo de las sábanas. Pero el hombre regresa inesperadamente a la habitación y yo no puedo evitar gritar.

–¿A qué ha venido?

–Le exijo que se marche. Él no presta mucha atención a mis palabras, pero no parece tener una actitud amenazante. Se sienta a mi lado y me acaricia la cara. Tengo un sentimiento de asco. Su cuerpo es flácido y sus manos son gordas. Mientras tanto, él también se ha desvestido y, pese a sus dulces maneras, sus intenciones me resultan claras. Sus manos descienden desde mi rostro hasta la base del cuello, listas para bajar todavía más. Le ruego que se marche.

–¿Y lo hace? –pregunté tímidamente.

–No. Me sonríe y retira la mano, pero su sonrisa siniestra me hiela en lugar de calmarme. Entiendo que tiene la seguridad de que sus aproximaciones antes o después tendrán éxito. Me desea buenas noches en ruso y vuelve a salir de la habitación. Me echo a llorar, más que nada para romper la tensión, y me quedo dormida con la cabeza sobre la almohada empapada de lágrimas. Unas pequeñas lágrimas comenzaron a brotar de sus ojos, mientras seguía tumbada frente a mí en el diván.

La dejé en aquel llanto liberador durante algunos minutos y, a continuación, la guie hasta un momento posterior en la existencia de Margaret.

–Sin duda han pasado muchos días y soy prisionera en la casa porque el hombre no me permite salir. Me ha procurado algunos libros en inglés, así que paso el tiempo leyendo y bordando; odio bordar, pero me ayuda a pasar las interminables horas. Además, ni siquiera sabría adónde ir: estamos en un pequeño pueblo en algún lugar de Rusia. Poco a poco, él ha logrado colarse cada vez más en mi jornada sin usar la violencia física. Me ha obligado a dormir con él. Él acaricia mi cara y entiendo que se siente especialmente atraído por mi piel clara y joven, pero su presencia junto a mí y el contacto físico de su cuerpo que presiona contra el mío me provoca asco. Cuando estamos en la cama, me besa en los brazos y los hombros fingiendo galantería, pero sus intenciones me resultan claras. Me horroriza la idea de que con el paso del tiempo me vea obligada a ceder ante sus avances por mi propia seguridad. Ahora estamos desayunando y oigo fuertes golpes en la puerta de la casa, en la planta inferior.

—¿Quién es?

—No lo sé. La criada grita algo en ruso y los fuertes pasos de las botas de unos hombres resuenan cuando suben por la escalera. Por la puerta del comedor entra un joven soldado ruso con una chaqueta marrón que le llega hasta las caderas y un cinturón de cuero con una estrella dorada en la hebilla, pantalones azules metidos en unas altas botas negras y una gorra azul y roja. Se dirige amenazadoramente al hombre que me da alojamiento, mientras el joven y otro soldado lo agarran y se lo llevan a empujones.

—¿Te llevan a ti también?

—No. Yo permanezco allí, asustada y sin abrir la boca, porque además tengo miedo de que adviertan que soy extranjera; todavía no estoy segura de sus intenciones. De repente escucho decir mi nombre, «¡Margaret!», a un joven alto y bien vestido que aparece justo en la puerta.

—¿Quién es?

—¡Dios mío! ¡Es Juhan! Mi Juhan. Corro hacia él y me dejo envolver por sus poderosos y protectores brazos, mientras la tensión comienza a desvanecerse lentamente. Me acaricia la cabeza y, pese a estar a miles de kilómetros de distancia, me vuelvo a sentir en casa. Algunos soldados se llevan al hombre que hasta unos momentos antes había sido mi carcelero, mientras que otros escoltan el carruaje en el que Juhan y yo viajamos. Tardamos unas cinco horas en llegar a la frontera y luego otra media hora hasta llegar a la primera ciudad Estonia. Durante todo el viaje permanezco en los brazos de Juhan. No puedo dormir, pero mi mente por fin descansa mientras miro por la ventana el paisaje, al otro lado del pecho y la cara de mi prometido. Cuando llegamos, a la mañana siguiente, decido parar en Tallin y posponer mi regreso a Londres durante unos días. Estoy demasiado cansada incluso para los preparativos de la boda. Juhan me hace compañía y, temeroso de perderme otra vez, no me deja sola ni un instante. Pasamos los días siguientes dando paseos en automóvil, cenando fuera y haciendo el amor varias veces al día.

La existencia que Diana estaba reviviendo parecía muy aventurera. Sin embargo, la mujer todavía no había mostrado ninguna conexión kármica con las otras personas de aquella vida. Pensé que, de haber sido así, habría habido una señal clara, de acuerdo con mi propia experiencia. Por lo general, las personas a las que guío en regresiones siempre desean volver a ver el alma de personas con las que comparten su existencia actual. A este respecto, se debe subrayar que el término «ver» no es una palabra apropiada al describir un estado hipnótico. Muchos esperan que la regresión sea similar a una película en 3D, una alucinación o un sueño lúcido. Desafortunadamente, este no es el caso y quienes se someten a una regresión a vidas pasadas pueden tener experiencias sustancialmente diferentes. Para algunos solo se trata de percepciones puramente visuales con diferentes niveles de detalle, otros las tienen de tipo onírico, es decir, experimentan los sucesos pasados como si fuese un sueño. Estos últimos son capaces de percibir con claridad solo algunos detalles a la vez, aun siendo totalmente conscientes de lo que ocurre a su alrededor, como si estuviesen viendo una escena a través de un telescopio. Otros tienen experiencias sensoriales, como percibir calor, frío, o cinestésicas como verse llevados a realizar movimientos con determinadas partes del cuerpo. Esto demuestra que el mismo estado de conciencia puede ser difícil de alcanzar para algunas personas y fácil para otras. El estado de trance es una experiencia cotidiana y natural, como afirma Milton Erickson, padre de la hipnosis moderna. Un estado en el que nos encontramos una y otra vez cada día, tal vez sin saberlo. Cuando leemos un libro y, aunque estamos absortos en la historia, sabemos perfectamente lo que sucede a nuestro alrededor, nos encontramos en un estado hipnótico. Mientras conducimos y simultáneamente hablamos por teléfono en modo manos libres, nos encontramos en un estado hipnótico. Cuando vemos la televisión y respondemos automáticamente a la pregunta de un miembro de la familia, nos encontramos en un estado hipnótico. Entramos y salimos de un estado hipnótico una y otra vez; lo hacemos tan bien que ni siquiera nos damos cuenta. Incluso la meditación es un estado de autohipnosis, como lo demuestran numerosos estudios realizados con herramientas de neuroimagen. Sin restar importancia a la técnica hipnótica, cuyo potencial he descrito ampliamente en mi primer libro *Nunca es el final*, es justo recordar que una regresión a vidas pasadas no es más que un simple ejercicio de meditación guiada. De hecho, no se produce en el cerebro una diferencia de estado entre la hipnosis y la meditación. La diferencia es puramente técnica. En la meditación, es la propia persona quien debe producir ese estado especial de conciencia, y puede hacerlo de varias maneras a través de la respiración, la relajación, la focalización, la concentración, el *mindfulness*, etc. Por lo general requiere un cierto esfuerzo, a veces incluso años de práctica, porque es difícil detener el funcionamiento automático y perenne de nuestro cerebro. Durante una sesión de hipnosis, el estado se induce en el sujeto, lo que normalmente ocurre en unos pocos minutos, a veces incluso en unos pocos segundos. Otra diferencia es que el estado meditativo generalmente dura muy poco tiempo si la persona lleva mucho tiempo practicándolo. Con la hipnosis, el estado de trance puede mantenerse durante mucho más tiempo, lo que permite al sujeto comprender muchas más cosas. Y, sobre todo, se puede guiar al sujeto durante la experiencia, lo cual es imposible con la meditación, donde el papel de guía lo desempeña la parte consciente del cerebro, que la mayoría de las veces resulta ser cualquier cosa menos cooperativo.

Decidí entonces conducir a Diana a un momento posterior en la existencia que estaba experimentando en la persona de la joven Margaret.

–Estoy en la sala de mi casa en Londres y estoy tomando el té con mi amiga Alexandra –comenzó–; ahora tengo sesenta y tres años. Estamos vestidas de una manera completamente diferente: ambas llevamos una falda justo por debajo de la rodilla y un suéter de cuello redondo tono sobre tono, el mío de color verde botella, y salmón el de mi amiga. Llevo el pelo cardado y largo, peinado hacia atrás y teñido de un color más claro que mi castaño natural. Por su parte, Alexandra tiene el pelo rubio y en un corte Bob. Exactamente como lo llevaba yo hace tantos años, como si hubiéramos intercambiado papeles con el paso del tiempo. Ella siempre ha estado a mi lado desde nuestro regreso a Londres debido a la difícil situación en Estonia antes de la guerra. Alexandra no se ha casado, al ser toda una cabeza loca como lo fui yo de joven; ha viajado por el mundo y durante el conflicto sirvió en el ejército como enfermera. Juhan y yo hemos estado casados por mucho tiempo y tuvimos un único hijo, un varón, John, que por desgracia murió joven en un accidente automovilístico cuando apenas tenía veinticuatro años. Su ausencia, en lugar de debilitarla, ha fortalecido la relación entre su padre y yo, manteniéndonos más unidos que nunca. A la muerte de mi hijo, yo asumí un importante papel administrativo en el seno de la compañía de mi esposo y me encargo de toda la gestión financiera. Durante muchos años, Juhan y yo hemos vivido en Londres en una pequeña casa de dos pisos, y nuestros días transcurren serenos, interrumpidos tan solo por reuniones con amigos, veladas en el teatro y viajes cortos.

–Ahora contaré hasta tres y, cuando llegue a tres, quiero que pases directamente al momento de tu muerte –dije entonces a Diana–. Al momento de la muerte de Margaret –añadí.

Siempre considero necesario especificar que este es el momento de la muerte ocurrida en la existencia pasada, para no crear consecuencias desagradables. No sería éticamente correcto, ni útil por ningún motivo, hacer que la persona imagine el momento de su muerte en la vida actual. La idea de progresar a existencias futuras, aunque es posible a través de las llamadas «progresiones», no se recomienda en sujetos que no tienen una gran familiaridad con esta técnica y que no han tenido la oportunidad de investigar y conocer previamente sus vidas pasadas de manera detallada. Por definición, el futuro no es completamente seguro, ya que los acontecimientos de nuestro presente influyen en su realización y, por lo tanto, todos los momentos comprendidos entre el presente y el futuro en cuestión. Por lo tanto, es posible que el momento futuro que podemos visualizar ahora no se corresponda con lo que realmente sucederá. Son miles los sucesos y posibles interconexiones que determinan infinitas posibilidades. De este modo, este asunto es muy complejo por sí mismo.

Mientras tanto, Diana había llegado al momento de la muerte de Margaret.

–Estoy en mi cama –dijo entonces–, no soy muy vieja, creo que tengo la misma edad que antes, puede que sesenta y cuatro o sesenta y cinco años.

–¿Cómo te sientes?

–Estoy muy cansada, mis brazos son muy delgados y están inermes, parecen mucho más viejos que hace unos meses. Todo mi cuerpo se ve mucho más arrugado, pero no soy vieja, estoy enferma. Creo que tengo un tumor. Cerca de mi cama están Juhan y Alexandra, mi amiga. Él está pulcramente vestido, con pantalones y chaleco grises. Sigue siendo guapo, pese a que con los años ha acumulado algunos kilos de más; sigue siendo atractivo, gracias a su cabello todavía rubio y a su constitución robusta. Ella lleva una blusa con un estampado floral en tonos naranjas y una falda oscura ajustada. También ella sigue siendo una mujer hermosa.

–¿Están tristes?

–Sus rostros y sus miradas están apagados, marcados por el sufrimiento y la pena. He estado enferma durante varios meses y hace días que solo me alimento por vía intravenosa; creo que tengo un tumor en el estómago que no se puede operar. Bajo los párpados sin hablar; me gustaría poder pronunciar un adiós de despedida, pero mis labios no se abren debido a mi debilidad.

–¿Qué sientes ahora? ¿Cómo es la muerte?

–Aunque los ojos de Margaret se han cerrado para siempre, sigo percibiendo lo que me rodea: la habitación, mi cama, Juhan y Alexandra. Me invade una sensación de paz infinita, ya no siento el cuerpo ni el dolor. Estoy flotando, veo llorar a mi esposo y a mi amiga más querida y esta es la única nota de tristeza que siento en un momento que, de lo contrario, sería extraordinario. Sin embargo, el dolor no puede socavar el sentimiento de amor y bienestar que estoy sintiendo. Morir es maravilloso. Quisiera decírselo también a ellos, gritárselo con todas mis fuerzas. Invitarlos a no llorar ni desesperarse, porque sigo allí junto a ellos. Me gustaría explicarles que la muerte es una experiencia muy agradable. Los percibo todavía más cerca que antes; es como si pudiera ser parte de mí misma y también de ellos al mismo tiempo. Como si pudiera leer sus pensamientos, percibir sus sensaciones. Y es precisamente su tristeza lo que me duele en este momento, sobre todo porque no refleja en absoluto la inmensa felicidad que siento. Si ellos pudieran saberlo, si sintieran el bienestar que atraviesa mi alma, probablemente bailarían de alegría en lugar de llorar. Los saludo y siento claramente que mi energía vital o tal vez mi alma, no sabría cómo describirme ahora que ya no tengo cuerpo, se expande como si llegara a envolverlos y abrazarlos también a ellos. Ya no tengo límites físicos, creo que soy Margaret, pero también ellos dos y la sala entera. Estoy muerta, pero me siento más viva que nunca.

En ese momento dejé de hacer preguntas y dejé a Diana en silencio durante unos minutos para que pudiera disfrutar plenamente del estado de dicha que la expresión de su rostro y la relajación de su cuerpo transmitían nítidamente. Luego procedí a devolverla tranquilamente a un estado normal de vigilia.

–¿Cómo ha ido? –pregunté por fin.

–Muy bien. ¡Qué experiencia tan increíble, estoy muy contenta! –respondió ella con la mirada iluminada y feliz que suelen tener las personas que experimentan el momento de la muerte a través de una regresión. Y añadió–: Pero ¿será cierto todo esto?

La pregunta que me había hecho tal vez sea la más recurrente en mi práctica de estos últimos años. El cerebro de todos nosotros es propenso a dudar de aquello que no controla directamente. Y el mío no es ninguna excepción, a pesar de los años de experiencia. Una de las respuestas que generalmente me ayuda a silenciar la parte lógica y crítica de mi cerebro es precisamente el hecho de que la memoria es un proceso que requiere mucho menos tiempo que la imaginación. En pocas palabras: recordar algo es inmediato, mientras que inventarlo es más largo y más complicado. La historia de Diana había seguido un ritmo tan fluido que solo podía tratarse de recuerdos y confirmaba que probablemente no se estaba inventando nada. La tranquilicé explicándole el concepto y procedimos a analizar juntos algunos de los contenidos de la sesión apenas concluida.

–¿Sufres de problemas gástricos? –le pregunté, intrigado por el hecho de que ella hubiera muerto de una enfermedad estomacal.

He llevado a cabo una cantidad tan grande de regresiones que pueden considerarse estadísticamente significativas. Esto me ha permitido ver que es bastante común que algunos problemas que nos afligen en nuestra existencia actual pueden deberse simplemente a recuerdos de sufrimiento que llevamos con nosotros a través de los siglos.

–Sí –respondió–, he tenido dolores abdominales frecuentes durante años. Estoy siguiendo un tratamiento con un protector gástrico y un medicamento para el reflujo gastroesofágico. Llevo mucho tiempo tomándolos –me confesó.

–No creo en las coincidencias –dije. Pero le recordé que no tenía que interrumpir ningún tipo de tratamiento que estuviera siguiendo bajo supervisión médica y que, aunque las regresiones podían ser una ayuda adecuada, nunca deben considerarse una alternativa a la medicina tradicional.

–Aparte de la muerte de mi joven hijo, la vida de Margaret ha sido una existencia muy emocionante e intensa –subrayó–. Creo que he aprendido muchas cosas de ella, como su carácter emprendedor. En mi vida actual he podido salir de situaciones muy desagradables y creo reconocer a Margaret en mi fortaleza de espíritu –añadió.

–Como te decía, no creo en las coincidencias –repetí–. No es casualidad que hayas usado la palabra espíritu, porque Margaret y tú compartís mucho más, sois la misma alma, vuestro karma está conectado.

Al escuchar esas palabras, su expresión cambió y se mostró más preocupada. La tranquilicé al explicarle que el karma es el conjunto de lecciones aprendidas gracias a nuestras acciones pasadas, que nos permiten continuar aprendiendo y creciendo. No es un el «ojo por ojo, diente por diente» bíblico. El propósito no es hacernos sufrir, sino ayudarnos a evolucionar. En mi opinión, el significado del término «karma» con frecuencia se malinterpreta. Tendemos a hablar de «deudas kármicas», asociando erróneamente el valor negativo de la palabra deuda con un concepto que debería ser extremadamente positivo, el de la experiencia.

–Pero entonces, si el karma es positivo, ¿qué significa que el hijo de Margaret muriera tan joven? –me preguntó.

Le respondí que, probablemente debido al sufrimiento que Margaret había sentido por la pérdida de su hijo, a la Diana de la vida actual se le había concedido una pausa durante la cual se le permitía recuperarse y dedicar su tiempo y energías a otro tipo de amor. Los niños representan una gran alegría, pero también un gran compromiso. Su alma bajo la apariencia de Margaret en la vida inmediatamente anterior a la actual ya había aprendido esa lección, concediendo a Diana libertad para dedicarse a diferentes experiencias. De esta forma concluimos la sesión y decidimos volver a vernos.

Cuando llegó a mi estudio siete días más tarde, inmediatamente le pregunté cómo había ido la semana.

–Todo perfecto. La noche después de nuestra sesión dormí profundamente como no lo hacía en mucho tiempo. En general me siento más tranquila, menos preocupada por los acontecimientos que puedan suceder. También estoy más relajada en relación a los nuevos desafíos laborales que debo afrontar. Es como si todo tuviera un poco menos de importancia: puedo ver las cosas con una perspectiva diferente, como si todo fuera más relativo –afirmó haciendo un gesto de abrir y cerrar comillas para resaltar la palabra relativo–. Además, algo muy extraño me ha sucedido esta misma mañana –añadió.

–¿De qué se trata?

–Todos los días, apenas me levanto, voy a la cocina y bebo un vaso de agua. Esta mañana el vaso que siempre uso y que estaba sobre la encimera de la cocina junto al fregadero estaba roto.

–¿Por qué te parece tan extraño? –repliqué, olvidando que yo ya había experimentado en primera persona hechos increíbles hacía un par de semanas.

–El vaso no estaba roto sin más, sino que estaba cortado por la mitad transversalmente. Creo que ni con un instrumento de precisión se habría podido cortar de esa forma –afirmó–, y justo hoy que tenía que venir a su estudio. Después de todo lo que sucedió la primera vez que nos vimos y lo que yo percibí en regresión la semana pasada cuando Juhan brindaba rompiendo vasos, no me ha parecido una coincidencia.

–Ciertamente extraño –afirmé, asintiendo e intentando ocultar que la parte más racional de mi cerebro no daba demasiada importancia al vaso roto.

Como de costumbre, pronto descubriría que estaba equivocado. Apenas unos días después, tuve ocasión de entender que el vaso no era una coincidencia en absoluto. Un suceso inequívoco demostró a mi cerebro, todavía incrédulo y escéptico, que estaba frente a lo que podría definirse como un verdadero «medio de comunicación» entre dos mundos. Sin embargo, quién intentaba comunicarse seguía siendo un misterio.

Lo descubrí gracias a la visita de una joven de origen ruso, precisamente para confirmar el hecho de que no existen las coincidencias. Se llamaba Yulia. Era una chica de veintiséis años, de constitución normal y no demasiado alta, de cabello largo y ondulado color castaño claro. Me contó que había sido muy pobre desde muy pequeña. Creció en un barrio popular de las afueras de Moscú, se quedó huérfana de padre a la edad de cuatro años y, a pesar de haber estudiado, se había visto obligada a sobrevivir haciendo los trabajos más humildes. Actualmente trabajaba como limpiadora con un contrato temporal. Aquel día vestía de manera informal: unos vaqueros descoloridos, una camisa de rayas horizontales rojas y blancas y unas bailarinas también rojas. Me confió que no había sido muy afortunada tampoco desde el punto de vista sentimental. Se había casado muy joven con un hombre que la había explotado desde todos los puntos de vista y que luego la había dejado por otra más joven. ¡Y pensar que entonces Yulia solo tenía veinticuatro años! Había decidido acudir a mi estudio para hacer una regresión, animada no solo por la curiosidad ante posibles vidas pasadas que pudieran explicar su no precisamente feliz destino amoroso, sino también porque estaba atravesando un momento especialmente difícil. Hizo hincapié en que nunca había creído en este tipo de experiencia y que se consideraba agnóstica, es decir, no tenía una posición definida con respecto a la religión o la espiritualidad. Aunque esto puede parecer absolutamente coherente con el trasfondo de una persona originaria de un antiguo país comunista, en el que las creencias religiosas no eran favorecidas en modo alguno, cuando no directamente perseguidas, y nunca habían disfrutado de mucho valor a nivel social, mi experiencia desmiente este tipo de hipótesis. Durante los últimos años he tenido la oportunidad de conocer y guiar las regresiones de muchas personas de antiguos países comunistas, y puedo atestiguar que, al contrario de lo que se podría pensar, la conciencia de la existencia de vidas pasadas y el concepto de reencarnación están muy presentes también entre estos pueblos.

En su caso específico, Yulia no tenía una posición determinada con respecto a la reencarnación y la única razón por la que se encontraba allí era porque unas semanas antes su madre había muerto trágicamente en un accidente automovilístico. «¿No puede ser esto también una coincidencia?», pensé, recordando la historia del hijo de Margaret, fallecido también de la misma manera.

Antes de continuar con la regresión, le pedí que se sentara en la silla y que me contara cómo había sido su relación con su madre. La describió como espléndida, me dijo que siempre se había sentido comprendida y protegida por ella, quien había logrado también ejercer de padre. Incluso en la actualidad, antes del accidente, vivían juntas y eran inseparables, razón por la cual la joven estaba tan desesperadamente afligida. El hecho de que su madre se hubiera ido «sin explicación» había dejado en Yulia un vacío insalvable y sofocante que prácticamente no le permitía seguir viviendo. Me explicó que los medicamentos antidepresivos y ansiolíticos que el médico le había recetado ni siquiera lograban aliviar el dolor que sentía y mucho menos apagarlo. Luego le pregunté cómo había sido la dinámica del accidente. Me dijo que su madre, como todas las mañanas, había salido muy temprano para ir a trabajar. Estaban empleadas en la misma empresa en aquel momento, algo que no sucedía a menudo porque ambas eran gestionadas por una agencia de trabajo temporal, por lo que su lugar de trabajo no coincidía necesariamente. Precisamente la mañana en la que Yulia descansaba y, por lo tanto, no había acompañado a su madre, esta había sido embestida por un coche conducido por un joven en estado de embriaguez. No hace falta decir que las circunstancias habían agravado la situación de la joven, que se sentía culpable por no haber acompañado a su madre al trabajo aquel día.

Fue muy difícil para mí llevarla a un estado de relajación hipnótica, debido al estado emocional en el que se encontraba y a su «ansiedad de resultados», que es el deseo imperioso de tener una experiencia. Quería comunicarse con su madre a toda costa. Tuve que trabajar duro e insistir, y aunque me había dicho varias veces que no podía percibir ningún tipo de sensación o intuición, logré guiarla en regresión. A veces, las personas más motivadas son precisamente las que tienen dificultades para entrar en trance. Dado que es un estado de relajación en todos los aspectos, si el sujeto está ansioso por obtener un resultado, le será muy complicado lograr la tranquilidad necesaria. Precisamente por esta razón, trato de explicar siempre a todos que una regresión no se puede experimentar de manera correcta o incorrecta. Es una experiencia personal y subjetiva y no es la cantidad de detalles o el grado de participación lo que marca la diferencia, sino el contenido y el consiguiente procesamiento de la información que se puede percibir. El caso de Yulia estaba casi desprovisto de detalles y poco emotivo; sin embargo, permitió que la joven entendiera lo profunda que era la relación con su madre.

–Me encuentro en una habitación pequeña y oscura –comenzó a contar finalmente–, amueblada con sencillez con una mesa y dos sillas de madera tosca. Todo es gris, las paredes de la habitación, el suelo. Me encuentro en la primera planta de una pequeña casa; miro por la ventana y la calle es estrecha y gris. También el cielo es gris.

–¿Dónde te encuentras? –pregunté.

–Creo que es un pueblo pequeño en Alemania.

–¿Eres un hombre o una mujer?

–Soy una mujer.

–¿Cómo estás vestida?

–Llevo un vestido gris, estrecho en la cintura y ancho en la parte inferior, largo hasta los pies. Tengo bastante sobrepeso.

–¿Cuantos años tienes?

–Más de cuarenta, pero no estoy segura.

–No te preocupes –la tranquilicé–, dime lo que te viene a la mente y déjate llevar sin analizar.

–Tengo el pelo gris y largo, pero recogido en un moño.

–¿Vives sola en esa casa?

–Sí. Nunca me he casado. Mi hermana sí.

–¿Tienes una hermana?

–Sí. Mucho más joven que yo, se acaba de casar. La quiero mucho y desde niña he sido como su madre tras la muerte de nuestros padres. Comencé a trabajar siendo joven y he cuidado de ella; he conseguido que al menos ella estudiara y tuviera una vida normal.

–¿Cómo te sientes? –le pregunté, notando cómo su rostro se había convertido en una expresión melancólica y el tono de voz parecía especialmente doloroso.

–Estoy muy triste. Me siento sola.

–¿Tu hermana vive lejos?

–No. Ella también vive en el pueblo, pero nunca viene a verme. Está demasiado ocupada con su esposo, con su nueva vida.

–Aunque no se encuentre físicamente ahí contigo, ¿podrías describirla?

–Se me parece; somos igual de altas, pero no tiene el cabello gris, sino rubio, y sus ojos son azules. Está peinada y vestida más o menos como yo y es delgada.

–Imagina que la miras profundamente a los ojos.

—¡Pero si es mamá! —dijo Yulia llorando—. Mi hermanita tiene la misma alma que mi madre en la vida actual.

Por desgracia, aquel día no fue posible ir más allá con Yulia y no logramos descubrir más detalles de aquella experiencia pasada. Aunque esto no sucede muy a menudo, siempre me decepciona que las personas a las que guio en la regresión no tengan experiencias ricas en detalles. Para la joven, muy agitada y en su primera experiencia, había resultado muy difícil mantener un estado de trance lo suficientemente profundo. Siempre explico, a quienes me hacen preguntas sobre la profundidad del estado hipnótico, que no solo es relativo y absolutamente subjetivo, sino que puede variar de una persona a otra y que, sobre todo, se alcanza a través de una práctica que requiere ejercicio. Al igual que la meditación, es un estado de conciencia muy afín que implica perseverancia y práctica. La experiencia cada vez, sesión tras sesión, se vuelve más visual, profunda e inmersiva. Es normal que la primera vez que se experimenta algo nuevo, en especial en un campo tan desconocido, no se consiga estar completamente relajado. Por fortuna, las experiencias como las de Yulia no se producen con mucha frecuencia en mi estudio y la gran mayoría de las personas siempre han logrado obtener resultados más satisfactorios que la pobre y asustada joven rusa. Sin embargo, la regresión había proporcionado serenidad a Yulia, que en ese momento parecía mucho más relajada y feliz.

Sus palabras confirmaron exactamente lo que había presenciado muchas veces: a menudo volvemos a interactuar con las mismas almas pero en roles diferentes.

En nuestras muchas vidas tenemos la oportunidad de ser padres e hijos y de aprender todas las facetas de las dinámicas que caracterizan estas relaciones profundas. Desempeñamos diferentes roles, pero siempre encontramos a nuestros padres y nuestras madres, a nuestros hijos y nuestras hijas, para aprender a demostrar y compartir el amor del que todos estamos hechos. El alma de Yulia y la de su madre formaban parte de lo que suelo llamar una «familia celestial». Un grupo de almas mucho más numeroso respecto de nuestra familia aquí en la Tierra, con las cuales volvemos a reencarnarnos en roles siempre diferentes para compartir múltiples experiencias terrenales, gracias a las cuales adquirimos nuestras lecciones y aprendemos el amor, la compasión y el respeto hacia los demás y hacia todas las formas de vida. Nacemos muchas veces porque hay muchas lecciones que aprender en la Tierra. Cada uno de nosotros tiene su propio camino y solo experimentando todos los roles posibles nuestras almas crecen, se fortalecen, se llenan de energía y amor infinito. En nuestras muchas vidas hemos tenido, o tendremos, la oportunidad de ser de todas las religiones, de tener la piel de todos los colores, de probar todas las identidades de género, todas las profesiones, todos los roles familiares, todas las condiciones económicas...

Yulia y su madre habían intercambiado papeles en esas dos existencias. Habían regresado, como sucede muy a menudo, a «devolver el favor» al asumir un papel antitético para permitir que la otra alma experimentara con su propio punto de vista, para comprender con plenitud los sentimientos de la otra parte. Una especie de empatía energética, kármica, hasta el punto de poderlas definir como «almas gemelas» a todos los efectos. Un alma gemela, de hecho, no siempre coincide con la de la pareja sentimental; de hecho en la mayoría de ocasiones no lo es en absoluto. Es posible que regrese para vivir con nosotros incluso en el cuerpo de nuestra madre, como en el caso de Yulia. En cualquier caso, dejará con seguridad una marca indeleble en nuestras vidas. Nos ayudará en el proceso de aprendizaje. Será una maestra excepcional.

–Gracias. Estoy muy contenta de haber visto a mi madre otra vez. O tal vez debería decir mi hermana –dijo sonriendo tan pronto como abrió los ojos.

–Gracias a ti –respondí, sabiendo que ella había realizado un enorme esfuerzo de confianza al dejarse llevar.

–El hecho de haberla encontrado en esa vida pasada me hace sentir bien, sé que nos volveremos a ver. Siento que, aunque haya desaparecido recientemente, volveremos a estar juntas de nuevo.

–Por supuesto –respondí–, una relación tan cercana como la que existe entre madre e hija o entre dos hermanas no termina en unas pocas vidas, se encuentran múltiples veces para experimentar juntas todos los matices posibles y conocerse a fondo. Me alegro mucho por ti.

Sin embargo, yo no podía saber que aquella regresión no era el único motivo por el que el Universo, Dios o como se desee llamar a lo que gobierna este mundo de caos organizado, había decidido traer a Yulia a mi estudio precisamente aquel día. Todavía había algo que la chica tenía que decirme.

–Disculpe, pero antes de irme me gustaría añadir algo que me ha pasado hoy y que todavía no le he contado, porque me daba vergüenza.

–¿Qué es? –le pregunté, y su respuesta literalmente me dejó sin palabras.

–Esta mañana he encontrado tres vasos roto s en uno de los armarios de la cocina. Formaban parte del servicio bueno que mi madre había traído consigo desde Rusia. Lo raro es que todos estaban rotos transversalmente y en el mismo punto, como si una cuchilla muy afilada los hubiera cortado limpiamente. He pensado que podía tratarse de una extraña coincidencia, como si mi madre tratara de enviarme algún tipo de mensaje.

Ese hecho confirmó muchas de mis dudas, pero sobre todo proporcionó una respuesta definitiva a la pregunta que me había estado dando vueltas en la cabeza durante algunos días. ¿Había alguien, o algo, que intentaba manifestarse desde otra dimensión? Quizás la madre de Yulia, al romper los vasos, recordaba a su niña que seguía a su lado.

Pero entonces, ¿quién estaba tratando de comunicarse con Diana?

Un ser metafísico por lo general no contacta

con nosotros por teléfono.

Carl Gustav Jung

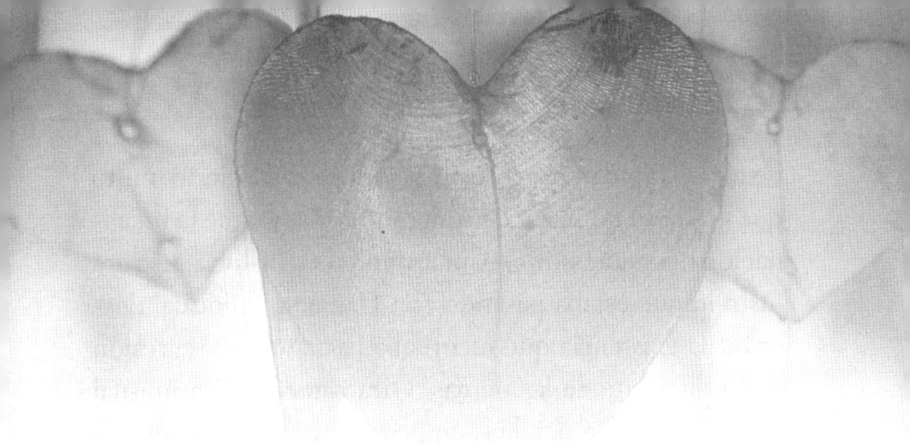

Coincidencias

La mayoría de nosotros ya hemos vivido muchas vidas y no todas las sesiones de regresión a una existencia pasada son similares entre sí. Aunque han pasado algunos años, sigo creyendo que la experiencia de Diana es inusual en muchos sentidos. En primer lugar, la duración había sido mayor de lo habitual; yo había decidido no interrumpirla porque la situación me intrigaba. Ella se había dejado llevar de una manera profunda y de ningún modo yo quería alterar ese estado que le permitía volver a recorrer una existencia entera sin interrupción. Normalmente, el profesional es quien dicta el ritmo de la sesión, y por lo general yo sigo uno muy estricto. Hacer preguntas de forma rápida y urgente me garantiza hasta cierto punto que el sujeto no se está inventando nada, ya que la imaginación necesita tiempo para inventar una historia. Eso era justo lo que estaba pasando con Diana: la fluidez al describir la existencia que recordaba hacía que su regresión fuera diferente de las demás. Otra característica inusual era la riqueza de detalles; en general, las regresiones son más cortas y mi atención se centra exclusivamente en los sucesos traumáticos que pueden estar relacionados con los problemas de la vida actual, para que la persona pueda reelaborarlos y resolverlos. Sin embargo, la resolución de problemas no siempre es la única motivación por la cual nos sometemos a una sesión de regresión. Muchas veces, la razón principal que lleva a las personas a pedirme una sesión no es sino la curiosidad. En el caso de Diana, parecía que los recuerdos de esa existencia, aparte del momento de la muerte, no tenían nada que ver con su vida actual. A pesar de ello, su regresión había sido especialmente articulada y rica en detalles.

Sin embargo, uno de estos parecía tener algún significado que iba más allá de esa existencia. Gracias a la regresión de Diana y al encuentro posterior con Yulia, me di cuenta de que el hecho de romper objetos de cristal, que en ambos casos eran vasos, no era ninguna coincidencia. Parecía más una especie de señal procedente de un mundo que no tenía conexión con el físico, un medio de comunicación secreto que unía estos dos mundos. Pero ¿era realmente tan extraño que un ser querido tratara de comunicarse desde el más allá para ayudar a quienes permanecen en el plano terrenal?

Todos somos criaturas hechas de energía. Habiendo presenciado muchas regresiones, puedo decir que «Amor» es el término que mejor lo describe. Es lo que somos antes de nacer y lo que seguimos siendo una vez que termina nuestro paso por la Tierra. Por desgracia, muchas veces durante la vida terrenal olvidamos lo que realmente somos, y creamos sufrimiento en nuestro interior y a nuestro alrededor. Si recordáramos nuestra verdadera naturaleza, entenderíamos que el amor es todo lo que existe. Es absolutamente normal, por lo tanto, que una persona que ha pasado al más allá recuerde su verdadera esencia y, por lo tanto, busque hacer el bien en la Tierra mientras está en el «otro lado».

Yo había tenido ocasión de documentarme y descubrí que los cristales rotos, vasos en este caso o las famosas bombillas que explotan en muchas películas, en realidad pueden representar un intento de comunicación por parte del más allá. La explicación «física» parecería ser que desde esa dimensión es más fácil interactuar con la nuestra a través de desplazamientos de aire o de fenómenos de electromagnetismo. Y los vasos probablemente se rompieron debido a un desplazamiento de aire, como en el caso de la frecuencia de algunos sonidos que son capaces de romper el cristal. De hecho, el ruido consiste en aire que se mueve y que nuestro tímpano, que vibra en el interior del oído, transforma en lo que el cerebro percibe como un sonido. Entonces, ¿los cristales rotos de las dos mujeres constituían una extraña melodía proveniente del más allá?

Mientras que para Yulia parecía obvio que era la madre recientemente fallecida quien la había compuesto, en el caso de Diana todavía no estaba del todo claro quién era su autor. De hecho, la mujer no había reconocido en el alma de Juhan a ninguna de las personas con las que compartía su vida actual.

Aquel día, tras acomodarse en la butaca, Diana me contó cómo había tenido que reprimir sus capacidades extrasensoriales durante mucho tiempo debido a una cuestión de pura supervivencia. Su historia es muy similar a la de muchas personas que he conocido; hombres y mujeres que, debido a las presiones sociales y familiares, así como para poder llevar una vida normal, tuvieron que renunciar a ese sexto sentido que constituía una parte tan importante de su ser. Como si los ciudadanos de un mundo de personas sordas tuvieran que vivir usando siempre tapones para los oídos para ser aceptadas. Estas personas son por lo general muy sensibles y a menudo tienen en común una sensación de inquietud hacia el mundo, un sentido de no pertenencia. Se sienten diferentes a los demás, tienen mucha empatía hacia los animales y hacia seres humanos similares. Se preocupan por el destino del mundo entero y no consiguen metabolizar el sufrimiento que las rodea, que no las deja indiferentes. Por lo general, no temen a la muerte porque su intuición innata les recuerda que nadie muere realmente y perciben con claridad que provienen de otra dimensión, donde reina el amor, donde el amor es la única energía existente.

Puedo entender el punto de vista de estas personas, ya que nuestro entorno a menudo parece ser cualquier cosa menos el resultado del amor. Lo que nos rodea puede ser tanto encantador cuando observamos una puesta de sol, las plumas de un pájaro o una flor, cuyos colores nos dejan sin palabras, como el cruel teatro de la muerte en el caso de un niño en una zona de guerra. Nuestro mundo es tan maravilloso como terrible y estas personas, dotadas de una sensibilidad superior, viven ambas vertientes de forma amplificada. Precisamente por esta razón, cuando me encuentro con alguien que tiene este «don», le recuerdo que es importante mantener un equilibrio entre las dos dimensiones. Una persona que tiende demasiado a lo espiritual, al amor que la distingue, sufrirá extremadamente en la Tierra en presencia de tanta barbarie y tanta maldad. Del mismo modo, una persona que es demasiado terrenal y materialista nunca podrá disfrutar plenamente del amor que la rodea. Lo ideal sería no considerar la vida como un «todo», sino amarla en todo momento como parte del todo.

Las historias que he escuchado durante estos años tienen muchos puntos en común. Por lo general, se descubre que se posee algo extraño durante la infancia o la adolescencia, cuando suceden episodios singulares o se perciben presencias ultraterrenales, como el abuelo de Diana cuando se sentó en su cama. Algunos cuentan haber tenido premoniciones de niños y cómo sus familiares se habían burlado de ellos a este respecto; otros podían percibir claramente la presencia de fantasmas que sus padres etiquetaban regularmente como «amiguitos» imaginarios. ¡A ver cómo se explica que el tal amiguito no es otro niño sino una señora de cierta edad vestida con prendas del siglo XVIII!

Como evidencia del hecho de que no se trata de un producto de la imaginación, puedo citar algunos ejemplos de extrañas «coincidencias» a las que he podido asistir de una manera más o menos directa. Por ejemplo, tengo en mi archivo fotográfico una imagen que muestra claramente la presencia de un fantasma, de un ser de otra dimensión. Se trata de dos fotos del mismo sujeto tomadas en diferentes momentos, a una distancia de varios minutos. Una muestra claramente el rostro de una mujer desconocida que no estaba físicamente presente en el momento en que se tomó la instantánea. Otra extraña coincidencia es una anciana que conozco, a quien llamaré Alicia para preservar su privacidad. Recientemente había muerto una amiga muy querida de la que no había podido despedirse por llevar varios meses enferma. Un día, aproximadamente dos semanas después del fallecimiento de su amiga, Alicia decidió llamar a su cuñada, que también padecía una enfermedad terminal, para preguntarle sobre su estado de salud. Como siempre hacía, ya que no recordaba de memoria los números de teléfono, confió en la agenda de contactos de su teléfono móvil. No hay palabras para describir su sorpresa cuando, a pesar de que ella había seleccionado el número de su cuñada, quien respondió al teléfono era el marido de su querida amiga recién fallecida. Creyendo que había cometido un error al marcar el número, Alicia comprobó de inmediato la pantalla, pero esta seguía mostrando el número de su cuñada. No fue en absoluto una coincidencia, sino probablemente un mensaje especial procedente de otra dimensión. Un fenómeno electromagnético había permitido a Alicia saber con certeza que su amiga no la había olvidado en absoluto.

He podido constatar por mí mismo que muchos otros sucesos, que pueden parecer coincidencias, realmente no lo son. Uno de estos corresponde a una joven llamada Paula que me contó que algunas semanas después de la muerte de su padre, al que estaba muy unida, recibió un mensaje inequívocamente suyo. Algunas semanas antes había estado jugando con sus hijos para enseñarles el alfabeto y, para ello, había utilizado figuras de madera que representaban todas las letras. Una mañana en la que había estado pensando en su padre encontró mientras limpiaba una de las figuras de madera debajo del sofá que creía que se había perdido y que, a pesar de que había limpiado todos los días, no había encontrado antes. Representaba una «A» y el padre de Paula se llamaba Antonio. Sin interferir con el orden del Universo, que regula el devenir de los acontecimientos importantes en nuestras vidas, estas pequeñas coincidencias nos recuerdan que la realidad está formada por mucho más de lo que vemos.

Además de las regresiones a vidas pasadas, existen diferentes formas de recibir mensajes de otros tiempos o dimensiones que la mayoría de las veces ni siquiera forman parte de nuestra vida, educación, cultura personal u origen sociocultural. Este es el caso de quienes poseen el don de la escritura automática. Y son muchos. La escritura automática es el proceso de escribir frases que no proceden del pensamiento consciente del escritor. Esto puede suceder en estado de trance o de manera consciente, pero sin tener conciencia de lo que se está escribiendo. En ocasiones, el contenido de los mensajes parece provenir del más allá. Yo mismo he tenido la fortuna de conocer a más de uno de estos sujetos y puedo dar testimonio de que no se trata de coincidencias o invenciones.

Temiendo las reacciones de padres, amigos y familiares, durante la adolescencia estas personas habían optado evidentemente por fingir que no sucedía nada y no prestar demasiada atención a su sexto sentido. En muchas ocasiones, el miedo las había llevado a utilizar tapones para los oídos. Habían cerrado la puerta de comunicación.

–Desde el día de nuestra primera sesión es como si esa puerta se hubiera abierto de nuevo –dijo Diana, interrumpiendo el flujo de mis pensamientos.

–¿Cómo ha ido la semana? –le pregunté.

–Bien, gracias. Hablando de coincidencias, anoche me pasó algo realmente agradable. Volvía a casa del trabajo y me quedé atrapada en el tráfico. Había habido un accidente y la policía municipal había bloqueado un barrio entero, provocando una colas interminables. Era tarde, tenía hambre y estaba muy enfadada por este gran contratiempo. Me sentía desafortunada y triste, como si el mundo me estuviera castigando sin motivo. Pensé que no era justo encontrarme a mi edad sola, cansada después de todo un día de trabajo y que, por culpa del tráfico, ni siquiera pudiera llegar a casa con tiempo para ir al supermercado a comprar algo para la cena. Me sentí abandonada a mi suerte. No se puede imaginar la alegría que experimenté cuando encontré en el rellano de mi casa a mi vecina con una fuente de lasaña en la mano, justo en el momento en que ella estaba a punto de tocar a mi timbre. La había preparado para una cena con amigos y habían sobrado un par de raciones; como su congelador se había estropeado, se le había ocurrido ofrecérmelas... justo esa noche. No hace falta decir que, si las cosas hubieran salido según lo planeado, para entonces yo habría ido al supermercado y habría tenido que prepararme la cena por mi cuenta. Mientras hacía cola en el coche, enfadada y desconsolada, pensaba que todo estaba mal; no podía imaginar siquiera que, en cambio, el Universo tan solo trataba de evitarme un esfuerzo innecesario, permitiéndome llegar en el momento justo para encontrar un buen plato de lasaña casera esperándome en la puerta.

–Entiendo perfectamente –le respondí–. A menudo nos enfadamos porque las cosas no salen según lo planeado, sin tener idea de cuál es el objetivo final de los sucesos en los que participamos. A veces, si algo sale mal, es simplemente porque el Universo tiene otro plan mejor preparado para nosotros. Piensa que a mí también precisamente esta mañana me ha sucedido un pequeño contratiempo insignificante que, después, ha resultado ser toda una lección sobre la vida. Antes de venir al estudio, me he detenido en la cafetería de la esquina para comprar un capuchino para llevar. Y, como siempre, le he pedido a la camarera que lo preparara con leche de soja, vista mi severa intolerancia a la lactosa. La joven, que a pesar de los agotadores turnos de trabajo siempre tiene una sonrisa para todos sus clientes, asiente y me entrega el gran vaso de papel que contenía mi bebida caliente. Me despido y salgo camino del estudio, cuando de pronto tropiezo y vuelco el capuchino sobre el suelo. Al igual que a ti te pasó en el coche anoche, evidentemente yo también me he enfadado y he pensado que era cuestión de mala suerte, puesto que tenía el tiempo justo. No te imaginas lo que me ha sorprendido ver la sonrisa y la expresión de alivio de la chica cuando he vuelto a entrar en el bar. «¡Menos mal que has vuelto!», ha exclamado y me ha explicado que se había equivocado y me había preparado con leche normal el capuchino que había acabado en el suelo.

Como en el caso de Diana, aquel contratiempo resultó ser en realidad una ayuda del Universo. La moraleja es que debemos confiar más y controlar menos. No siempre somos conscientes del propósito final de las cosas. En este sentido, siempre recuerdo con cariño *Hotel Marigold*, una película muy agradable con Maggie Smith en la que los protagonistas, un grupo de ancianos ingleses, deciden trasladarse a la India porque sus pensiones no les permiten llevar una vida decente en su país. Uno de los personajes, Sonny, el joven director indio del hotel, responde a una anciana que se queja del imperfecto funcionamiento del sistema eléctrico de su habitación, recordándole que: «Al final, todo irá bien... y si ahora no va bien, significa que aún no es el final».

–Es realmente cierto –respondió Diana y añadió–: También esta noche, antes de venir a verle, he tenido una experiencia especial. Casi me da miedo decirlo, no quisiera que usted también me tomara por rara.

–No te preocupes. He tratado con muchas personas que han compartido conmigo las experiencias más variadas. Ya no hay nada que me sorprenda. Soy todo oídos.

Le recordé que yo mismo al principio dudé de mi salud mental, pero luego comprendí que no se trataba de hechos aislados o de personas especiales, sino de episodios que, al verificarse en un número elevado de casos, adquirían para mí un valor estadístico y, por lo tanto, en cierto modo tangible.

–Esta noche, mientras dormía, alguien ha llamado varias veces a la puerta de mi habitación, lo suficientemente fuerte como para interrumpir mi sueño. Me he despertado sobresaltada y, presa del pánico, he ido a ver. Pero no había nadie en la casa y todas las ventanas estaban cerradas, al igual que la puerta. Tengo curiosidad por saber quién llamaba. He pensado en mi abuelo, pero tengo la sensación de que no se trataba de él; ya percibo con normalidad su presencia etérea junto a mí y, además, ya se manifestó justo aquí, en su estudio, hace dos semanas.

–No sé qué decir –le respondí. Así que decidimos proceder con la técnica de inducción para guiarla hacia una vida pasada.

–Estoy en un campo al atardecer –comenzó a contar de inmediato Diana, cuya facilidad de introspección me había resultado patente desde la primera sesión–. Soy una niña. Llevo un vestido largo azul celeste que me llega hasta los pies, cerrado con pequeños botones en la parte delantera y un cuello blanco de encaje. También tengo un cinturón de cuero marrón bastante grueso del que cuelga una pequeña bolsa.

–¿Cómo es tu cabello? ¿Largo o corto? ¿De qué color? –pregunté.

–Es rubio, recogido en dos largas trenzas que llevo por delante.

–¿Cómo te llamas?

–Shirley.

–¿Dónde se encuentra este campo? ¿Vives cerca?

–Sí. El campamento pertenece a la granja de mi padre. Es una parcela muy poco fértil. Desafortunadamente, nuestra granja no produce mucho porque la tierra no es buena. Somos muy pobres.

–¿Cuantos años tienes?

–Doce.

–¿Tiene hermanos o hermanas?

–Tengo cuatro hermanos varones; yo soy la del medio y trato de ayudar como puedo, encargándome de los dos más pequeños mientras mi madre trabaja en los campos.

–¿Puedes describir a tu padre?

–Es alto y delgado, lleva pantalones largos oscuros y una camisa clara que parece muy vieja. No puede permitirse comprar otra ropa. También yo llevo casi siempre el mismo vestido.

–¿De qué color son sus ojos? Míralos profundamente y dime si en el cuerpo de tu padre percibes el alma de alguna persona a la que Diana puede conocer en su vida actual –le pedí, sabedor de que, como atestiguan muchas experiencias de regresión, es cierto que los ojos son el espejo del alma.

–¡Es David! Un compañero mío. Estamos muy unidos y ahora por fin puedo entender gran parte de su comportamiento. Él siempre ha mostrado una actitud protectora hacia mí, al igual que el padre de Shirley, y precisamente como él no ha tenido muchas oportunidades de expresarlo.

–¿A qué te refieres exactamente?

–En la vida de Shirley, mi padre es un hombre muy pobre porque los campos no son fértiles y la granja no logra mantener a todos los hijos. Yo soy una chica emprendedora; trato de encargarme de mí misma para no ser una carga para él. Lo mismo sucede entre Diana y David; él es muy amable conmigo y a menudo se ofrece a ayudarme, pero yo no dejo que lo haga, siempre quiero ser autosuficiente y hacerlo todo por mí misma.

–¿Cómo crees que lo que estás experimentando puede ayudarte en tu vida actual?

–Creo que la lección es permitir a los demás que me ayuden, no tratar siempre de hacerlo todo por mí misma. Si esto podía tener sentido en la existencia de Shirley, no es el mismo caso en la de Diana. Si no dejo que mi compañero me ayude, me estoy negando a mí misma el placer de poder contar con los demás, y a él la alegría de haberme sido de ayuda. Estoy bloqueando un flujo de amor y felicidad. Hasta ahora no me había dado cuenta.

–¿Puedes describirme ahora a la madre de Shirley?

–Es una mujer alta y rubia, me parezco mucho a ella. Tiene el pelo recogido en una cola de caballo. Viste más o menos como yo, con un vestido beis claro hasta los pies, ajustado en la cintura mediante un grueso cinturón de cuero. Lleva un sombrero que recuerda al de un vaquero. Sus ojos son grandes y brillantes, de color avellana; la miro y, aunque la quiero mucho, no reconozco en ella el alma de ninguna persona presente en mi vida actual. Ella también me quiere, pero siento que tiene preferencia hacia dos de mis hermanos. No nos trata a todos de la misma manera.

–¿Dónde te encuentras? ¿En qué lugar?

–En Estados Unidos, en la región central. El estado de Kansas.

–¿Qué año es? Si te cuesta recordarlo, imagina verlo escrito frente a ti –le sugerí, sabiendo que la visualización ayuda mucho en este caso, puesto que mantiene ocupada la parte racional del cerebro y le impide alterar la veracidad de la información.

La fecha es siempre un elemento muy importante de la experiencia de regresión, ya que permite verificar posteriormente la consistencia de la información percibida, pero al mismo tiempo es un detalle que puede ser difícil de obtener precisamente debido a las interferencias de la mente racional.

–Es 1867 –respondió sin dudarlo. Luego continuó–: Ahora soy mayor, tengo veintidós años y me fui de casa cuando apenas tenía dieciséis. No quería ser una carga para mi familia, especialmente para mi padre, que ya tenía demasiadas bocas que alimentar. Me escapé a Kansas City buscando trabajo porque sabía que estaban abriendo nuevas empresas y hacía falta mano de obra, ya que la población de la ciudad ha aumentado muy rápidamente en estos los últimos años. Sin embargo, no he logrado encontrar un trabajo «normal» por ser demasiado joven y delgada.

–¿A qué te dedicas?

–Soy prostituta en un salón que en realidad es una especie de burdel. Soy alta y aparento tener más edad. Ahora me he cortado el cabello y lo llevo recogido sobre la cabeza con una cinta roja. Llevo un vestido grande y lujoso, rojo y negro, que me llega hasta los pies. El escote redondo, adornado con encaje negro, deja al descubierto gran parte de mi busto, resaltándolo. A los lados y detrás, el vestido tienen una banda que acaba anudada en un gran lazo justo a la altura del coxis. Es muy elegante, pero no me siento orgullosa de ello porque las otras mujeres llevan vestidos menos vistosos y el mío, al ser tan llamativo, me identifica claramente como prostituta. Aunque algunos hombres son muy amables, la mayoría de ellos abusan de mi cuerpo. No me gusta mi trabajo, pero no puedo rebelarme ni huir, no tengo mucho dinero y la ciudad se ha vuelto muy violenta: es posible ser asesinado por los motivos más nimios. Aquí me siento protegida, aunque a los clientes del salón no se les imponen demasiadas reglas, salvo las que decide la *madame* que dirige el burdel: evitar una violencia excesiva y no dejarnos demasiados moretones sobre el cuerpo. También tengo una buena amiga; se llama Jenny y es mayor que yo, tiene veintiséis años. Cuando comencé a trabajar aquí, ella fue la única que cuidó de mí. Las otras no me respetaban, me molestaban y se burlaban de mí en la sala delante de todos, robándome los clientes.

–Ahora voy a contar hasta cinco. Cuando llegue a cinco, te desplazarás hasta el momento más importante de tu vida –dije a Diana–. De la vida de Shirley –añadí. Cuando llegué a cinco le pregunté qué estaba pasando y por qué ese momento era tan importante.

–Estoy en mi habitación, llevo solo un par de ridículos calzones blancos que me llegan hasta la rodilla, abombados en los lados y con encaje a la altura de los muslos. Un hombre vestido de vaquero me tiene levantada contra la pared presionando su cuerpo contra el mío y me aprieta el cuello con la mano izquierda, impidiéndome respirar mientras me golpea con la otra mano. Trato de hablarle, implorarle, pero no soy capaz de emitir ni una sílaba porque me aprieta demasiado fuerte. Ya casi no respiro, siento que la cabeza me da vueltas y estoy a punto de desmayarme.

–¿Qué sucede? –le pregunté al ver que había dejado de hablar.

–De repente, justo cuando estoy a punto de cerrar los ojos y dejarme ir, oigo fuertes golpes en la puerta. Noto que la presa sobre mi cuello se afloja y el hombre se aleja de mi cuerpo. En cuanto logro abrir los ojos veo a mi amiga Jenny entrar con una gran pistola en la mano. Apunta con ella contra el hombre, obligándolo a dejarme ir. Después llegan otras personas que se lo llevan por la fuerza y, mientras tanto, Jenny está a mi lado y me abraza tratando de consolarme. Comienzo a toser espasmódicamente mientras trato de respirar, siento que todavía me duele el cuello, pero estoy muy feliz de estar viva y estoy llena de gratitud hacia mi amiga. Ya estoy mejor, ella me toma del brazo y me acompaña a la parte trasera, cerca del edificio adyacente al salón donde vivimos. Nos sentamos en los escalones de la entrada. Jenny me abraza contra ella, me besa en la mejilla y me consuela. Me dice que me quiere y que siempre cuidará de mí. Me dice que mire hacia arriba, señalando una estrella muy brillante, la estrella polar; me dice que su luz nos protege desde allá arriba y que puedo confiarle mis temores. Qué extraño, es como un *déjà-vu*. Me parece haber vivido ya esta escena.

–¿Cómo es Jenny? ¿Puedes describirla?

–Es más o menos igual de alta que yo, de tez clara y cabello rubio recogido en la nuca, con rizos que bajan a los lados del rostro. Es muy dulce. Lleva un elegante vestido, parecido al mío, pero en tonos de azul.

–¿Puedes mirarla a los ojos?

–Sus ojos son muy grandes y azules

–Míralos intensamente. ¿Puedes reconocer su alma?

–Pero... ¡es absurdo! No tiene el alma de nadie que esté presente en mi vida actual. Pero es la misma alma de Juhan, mi esposo en la vida de Margaret, a quien vi la semana pasada. Y también él me mostró la estrella polar. Ahora no entiendo nada.

–No importa. Sigamos igualmente con la vida de Shirley, ¿de acuerdo? –le pregunté a fin de evitar que perdiera la concentración.

–Está bien –asintió Diana.

–Vuelvo a contar hasta cinco, pero esta vez quiero que vayas al momento de la muerte de Shirley –le dije antes de empezar.

–Estoy en mi cama, me siento débil y tengo mucho frío. Es una cama de madera maciza muy sencilla; las sábanas son blancas y están tan desgastadas como el camisón que llevo; a diferencia de los calzones y el vestido que llevo para trabajar, que son nuevos y caros.

–¿Cuantos años tienes?

–Veintiocho.

–¿Hay alguien contigo?

–Sí. Está la *madame*. Está de pie al otro lado de la puerta y mira hacia mí en el interior de la habitación. En sus ojos no veo amor ni compasión. Simplemente parece molesta porque perderá dinero y tendrá que reemplazarme por otra. Me siento tan triste y sola.

–¿No está tu amiga Jenny?

–Ella está trabajando y de todos modos no se le permite acercarse a mí. Hace algún tiempo que estoy enferma.

–¿De qué?

–Creo que es cólera o algo similar.

–De acuerdo. No quiero que sufras. Contaré hasta tres y, cuando llegue a tres, quiero que experimentes el momento de la muerte.

–Salgo del cuerpo, tengo la sensación de salir desde la parte superior de la cabeza de Shirley. Miro la escena desde arriba, el camisón, la cama, las otras camas de la habitación que comparto con las chicas. Todo es sencillo, de madera maciza, con un pequeño armario y un tocador, también de madera rústica.

–¿Puedes describir tus sensaciones?

–He dejado de sufrir de inmediato y siento un gran alivio. Morir es hermoso y me siento ligera, en paz. Es una sensación de bienestar absoluto, no puedo explicarlo bien. Es como no tener el cuerpo y su peso. Me parece haber salido de un caparazón, de un envase que me oprimía. Me siento libre. Incluso más viva que antes y, sobre todo, muy feliz.

–Quiero que dejes en el cuerpo de Shirley cualquier sufrimiento que tengas y cualquier problema que te aflija. Pero, antes de abandonar esa existencia, ¿podrías decirme lo que has aprendido de esa vida? ¿Cuáles han sido las lecciones para tu alma?

–He aprendido que no es posible tomar decisiones pensando que no tendrán consecuencias. Que debemos sopesar todas las alternativas antes de actuar y que no debemos ser demasiado impulsivos. Shirley se había escapado de casa creyendo que obraba bien, pero en realidad se encontró en una situación muy difícil y triste debido a una decisión demasiado apresurada.

–¿Cómo crees que esta lección puede ayudarte en la vida actual de Diana?

–Creo que mi alma quería mostrarme que ya había aprendido esa lección y que, por lo tanto, no hay necesidad de que siga dudando y sopesando continuamente mis decisiones en mi vida como Diana. Siempre soy demasiado timorata, demasiado reflexiva, justo lo contrario de la impulsividad de Shirley. Siento que tengo que actuar, tengo que hacer mi parte sin temor a las consecuencias, especialmente en lo que respecta al proyecto de la asociación sin ánimo de lucro que he fundado. En la vida de Shirley ya he sufrido por esta razón, ya he aprendido esta lección y percibo que esta vez puedo actuar porque todo saldrá bien. Lo siento en lo más profundo de mi corazón.

–Muy bien, ahora quisiera que dejaras definitivamente esa existencia y permitieras a tu alma subir cada vez más alto.

A menudo uso esta técnica para permitir que la persona experimente lo que se denomina la «vida entre vidas»; es decir, poder establecer una conexión con el alma y saber qué sucede después de la muerte y antes de una posterior reencarnación.

A menudo me preguntan cuánto tiempo transcurre entre una vida y otra; cuánto tiempo transcurre hasta la reencarnación. Por lo que he tenido la oportunidad de entender, creo que el período puede variar, aunque esta afirmación no tiene sentido, si se considera que el tiempo no es más que una convención humana que no existe como dimensión física. Para comprender este concepto, pido al lector que piense en cuando nos vamos a dormir por la noche. Tan pronto como nos abandonamos en brazos de Morfeo, el tiempo se vuelve relativo, en especial durante el sueño sin sueños. ¿No es fantástico dormirse tras un día agotador? Esa hermosa sensación de placentero abandono es la misma que narran las personas durante una regresión, en el momento en el que experimentan la muerte. Cuando nos despertamos, si hemos dormido sin interrupción, tenemos la sensación de que han pasado algunos minutos en lugar de varias horas. Con la reencarnación sucede un poco lo mismo, no permanecemos en una especie de «sala de espera», aburriéndonos entre una vida y la siguiente, sino que nos recargamos de esa energía de la que todos estamos compuestos, es decir, de amor. En el período entre una y otra existencia, tenemos la oportunidad de experimentar un estado de inmensa dicha, reencontrarnos con nuestros seres queridos, intercambiar con ellos el amor más profundo, compartir las lecciones que hemos aprendido, decidir juntos en qué otras vidas volveremos a encontrarnos.

–¿Percibes a alguien a tu lado? –pregunté entonces a Diana.

–Una presencia justo delante de mí. Es como un ser de luz, tiene la forma de una persona pero no lo es. Es pura luz pero no deslumbra, puedo mirarlo directamente. Es bastante alto y brillante, y me está sonriendo, soy capaz de saberlo incluso sin distinguir su cuerpo o su rostro. Su energía me comunica amor y protección. Me siento muy feliz, muy tranquila y en paz.

Pequeñas lágrimas le recorrían las mejillas.

–¿Te parece que lo conoces?

–Sí. Es el alma de Jenny, la amiga de Shirley, pero también es Juhan. Son la misma alma. Y siento por él/ellos un amor más profundo, que va más allá del romántico o del que se siente hacia una amiga o una hermana. No puedo explicarlo, nunca he experimentado algo así en la Tierra, no me siento separada de este ser; somos la misma cosa, pero al mismo tiempo somos dos entidades que se aman en un amor que trasciende lo físico o lo mental y alcanza cada parte de mi ser.

–¿Conseguís comunicar?

–No habla, pero es como si me dijera telepáticamente que todo está bien, que esté tranquila, porque estará siempre a mi lado cuando lo necesite y nunca me dejará. Me dice también que me porté bien en la vida de Shirley y que lo estoy haciendo también en la vida de Diana. Me dice que no tenga prisa, que no me estrese porque no hay necesidad de hacerlo todo y aprenderlo todo en esta vida porque tendré otras oportunidades y que volveremos a estar juntos. Parece que Jenny está hablando ahora, me pide que no me sienta mal porque no pudiéramos despedirnos en vida porque es como si lo estuviéramos haciendo justo ahora. Siento su amor tan fuerte gracias a la energía de su alma, que me atraviesa por completo, como si me abrazara y nos convirtiéramos en un solo ser en una danza divina. Es un sentimiento maravilloso y lo siento todavía más cercano que cuando éramos amigas en la Tierra. Su abrazo es, si cabe, más amoroso y envolvente ahora, pero también tranquilizador y protector como lo fueron los abrazos de Juhan a Margaret. Son la misma alma. Y estamos unidos para siempre –afirmó Diana con gran emoción.

–¿Hay alguien más ahí contigo? –pregunté tímidamente, al notar que no lograba hablar espontáneamente y que su rostro expresaba una sensación de profundo bienestar y relajación.

–Sí –respondió comenzando a sollozar–. Está mi abuelo. Ha venido a saludarme. Lleva la misma ropa de siempre, pero parece algunos años más joven. No estoy segura, porque su sonrisa es tan radiante que ilumina su rostro de una manera sorprendente. A través de sus ojos puedo sentir su amor hacia mí y también su aprobación. Está orgulloso de mí como adulta y de lo que he logrado hacer en la vida. Siento que me ama mucho y que me protege desde ahí arriba. Aunque él no puede abrazarme físicamente como solía hacer cuando era niña, me dice que nunca me abandonará. Estoy tan feliz de verte de nuevo, abuelo, te echo tanto de menos.

–¿Qué sucede ahora? –le pregunté, después de dejarla unos minutos para que pudiera disfrutar plenamente de esa profunda felicidad.

–Estoy flotando cada vez más alto. Las nubes ya han desaparecido, solo hay una gran luz blanca muy fuerte pero no deslumbrante. Me siento cada vez más liviana y libre, ya no siento el cuerpo y sus restrictivos límites físicos. ¡Es fantástico no tenerlo! –exclamó.

Su estado en la penumbra de mi estudio reflejaba plenamente ese sentimiento. Diana estaba echada, completamente inmóvil y rígida, respirando de forma profunda y regular, mientras algunas lágrimas recorrían sus mejillas. Todas las señales de un estado hipnótico muy profundo.

–Hay un ángel junto a mí. Tiene unas alas grandes y muy bellas.

–¿Podrías describirlo?

–Es realmente un ángel; tiene el cabello largo y rubio, un vestido blanco y dorado, y grandes alas. Me sonríe con expresión feliz.

Personalmente, no creo que todos los ángeles tengan la misma apariencia, similar a lo que Diana estaba describiendo en ese momento. Creo que la definición de «ángel» se puede atribuir a muchos seres, terrestres o celestiales, que realizan funciones de ayuda hacia otras almas y que su apariencia puede variar mucho. He podido ver, a través de los testimonios de muchas personas a las que he tenido el privilegio de guiar en regresión, que cada uno da a estos maravillosos seres celestiales la apariencia que considera más apropiada. Estoy convencido de que es completamente normal que un ser humano recurra a este tipo de «proyecciones», debido a la necesidad de encasillar y codificar de manera comprensible a alguien cuya naturaleza sería indescriptible. Algunos, como Diana, los han descrito como los ángeles cristianos, otros como simples «seres de luz» muy brillantes, descripción que es también una proyección del ser humano. De hecho, la luz está presente en la forma que conocemos solo para quien tiene ojos. En términos de física, lo que definimos de esta manera es en realidad un conjunto de ondas electromagnéticas, en concreto de partículas elementales llamadas «fotones», responsables de las manifestaciones a nivel cuántico de los fenómenos de electromagnetismo. Personalmente, creo que la «luz» a la que se refieren quienes entran en contacto con estos seres metafísicos durante una regresión quizás podría describirse mejor con el concepto de energía y, más concretamente, de esa energía que nos une y nos conecta a todos, de la cual todos estamos hechos y de la cual todos somos parte: el Amor.

En cambio, hay personas que han identificado con animales a estos seres divinos, visualizados después del momento de la muerte. Si utilizo las más de mil quinientas regresiones que he realizado personalmente como muestra estadística, puedo afirmar que no es tan infrecuente que nuestro querido perro o gato, después de haber llevado a cabo su tarea terrenal haciéndonos compañía, regrese para darnos la bienvenida y guiarnos allá arriba en el momento de nuestro tránsito.

Hablando de animales domésticos, me permito una divagación. En virtud de los numerosos testimonios aportados por sus compañeros humanos, mi opinión es que también ellos se reencarnan. Y puede suceder que lo hagan incluso múltiples veces durante la vida de un ser humano; es decir, que regresen a la misma familia terrenal más de una vez. Pueden vivir vidas largas y serenas, sin necesariamente tener que dejarnos de manera repentina o traumática, teniendo en cuenta que la vida de una mascota es normalmente más breve que la de un humano. Conozco a muchas personas que han reconocido el carácter de su perro o de su gato en el de otro compañero de cuatro patas con el que habían convivido anteriormente. Un caso particular es el de Tomás, un hombre de cincuenta años cuya familia cuadrúpeda se ha «recompuesto» con el tiempo. Me contó que, hacía muchos años, su primera mascota había sido una gata de rayas marrones que, a pesar de su naturaleza felina, era bastante lenta y torpe. Cuando la gata tenía aproximadamente un año y medio de edad, Tomás decidió acoger también un gatito negro que le hiciera compañía. No tuvieron problemas para congeniar, puesto que el recién llegado demostró ser tímido y reservado. Los dos gatos vivieron felices con él durante más de catorce años. No hace falta decir que el pobre hombre sufrió mucho, primero en el momento de la muerte de la gata y después en la de su «hermanito» negro. Tomás vivía solo en aquella época y un tiempo después decidió acoger un perro. Se decidió por una encantadora perrita blanca y marrón, cuyo color de alguna manera le recordaba el de la gata que había tenido años antes. No era la única característica en común con ella: la perrita también hizo gala inmediatamente de su torpeza de movimientos, característica que no perdió ni siquiera al llegar a la edad adulta. También en esta ocasión para hacerle compañía, Tomás decidió buscarle un compañero y escogió un macho de la misma raza pero de color oscuro. También negro, con el tiempo mostró su carácter reservado y tímido, exactamente como el gato que había vivido con Tomás. Finalmente habían regresado y la familia volvía a estar felizmente junta.

Al igual que con las almas gemelas, las personas más sensibles y dotadas de una intuición marcada pueden incluso reconocer el alma de un animal doméstico simplemente mirándolo a los ojos. Parece difícil de creer, pero es así.

Otras apariencias que a menudo se asocian con seres metafísicos presentes después de la muerte son las de ancianos sabios, la mayoría de las veces con barba, o incluso astros. En mi opinión, ambas apariencias forman parte del imaginario colectivo. ¿Quién puede ejercer mejor como nuestro guía que un hombre sabio o las estrellas?

Entre muchísimas experiencias, también he presenciado regresiones durante las cuales se entró en contacto con seres superiores de naturaleza extraterrestre. En este caso, puedo confirmar que su apariencia se describe muchas veces de manera similar. Aunque las regresiones no son experiencias visuales y, por lo tanto, los contornos de aquellos cuya presencia se advierte no son perfectamente definidos, estos seres generalmente se manifiestan como muy altos, de tez más clara, menos vestidos y con un cuerpo estilizado, más etéreo y menos «físico» que el humano.

Pero, sin duda, la presencia de los seres queridos es la que se percibe con mayor frecuencia. Es normal que nuestros familiares, que ya están al otro lado, vengan a nuestro encuentro para saludarnos en el momento de nuestra muerte. A veces no se trata de una sola persona, como en el caso del abuelo de Diana, sino de un verdadero comité de bienvenida. Numerosos miembros de nuestra propia familia celestial que se unen para celebrar este momento con nosotros. Es curioso cómo, desde la perspectiva terrenal, la muerte se experimenta como algo aterrador, mientras que, del otro lado, se ve como una experiencia maravillosa y digna de celebración. Una de las preguntas que me hacen con más frecuencia es cómo consiguen nuestros seres queridos manifestarse de la misma forma en que los vimos por última vez en la Tierra cuando estaban vivos, a pesar de que pueden haber pasado muchos años y, sobre todo, si mientras tanto se han reencarnado en una nueva vida. Hablando de alma, una vez más mi respuesta es la misma: no podemos explicar en términos humanos una entidad tan compleja, que no está limitada ni por nuestros cinco sentidos ni por nuestro concepto del tiempo. Creo que el alma puede estar fácilmente en dos lugares al mismo tiempo y, de hecho, esto también se aplica a nosotros en la Tierra. Nuestra alma está presente en el cuerpo terrenal y se encuentra simultáneamente en una dimensión superior, lo que muchas culturas identifican con el Ser superior. Creo que cada uno de nosotros, en todo momento, tiene una parte terrenal y una parte celestial, y que el ser terrenal es solo un vehículo a través del cual nuestra alma tiene la oportunidad de experimentar la vida y aprender las lecciones que esta nos ofrece.

Quería hacer hincapié en estas descripciones para resaltar el hecho de que después de la muerte y el paso a la otra vida, aunque de diferentes formas, debido a la necesidad humana de catalogar algo cuya comprensión se nos escapa, las personas que experimentan una regresión son acogidas por seres de una naturaleza superior que las acompañan en esta transición, las ayudan a comprender las lecciones de esas existencias y les ofrecen orientación para la reflexión o consejos. En resumen, auténticos guías celestiales a los que cada uno de nosotros asocia una imagen que le resulta familiar, lo que confirma que, como seres humanos, necesitamos usar una etiqueta para definir algo que de otra manera sería incomprensible para nuestra mente. Desafortunadamente, debemos detenernos ante los límites infranqueables trazados por nuestros cinco sentidos si deseamos comprender todavía en vida el misterio del más allá. La persona que experimenta una regresión sigue siendo un ser humano y, por lo tanto, toda la información y las complejidades de la vida después de la muerte siempre deben ser codificadas y reorientadas hacia algo humanamente comprensible.

–¿El ángel ha venido a comunicarte algo? –pregunté entonces a Diana.

–Él es mi ángel de la guarda, mi guía. Me dice que esté tranquila, que todo irá bien. Debo seguir siendo la persona que soy porque estoy haciendo el bien a los demás. Dice que me ayudará a llevar a cabo mi proyecto y que, si lo necesito, él sabrá cómo manifestarse. Le doy las gracias y él me responde con su sonrisa divina, y es como si dijera que no hay necesidad, que esa es su tarea y que el solo hecho de verme feliz es mucho más que un agradecimiento. Es maravilloso, como si pudiera leer mis pensamientos. Me toma de la mano y me invita a seguirlo.

–¿Te conduce a algún lugar?

–Caminamos por un largo túnel, un sendero de luz blanca y brillante. Al final del túnel llegamos a una gran sala sin suelo. Es tan grande y diáfana que no parece tener paredes, o más bien yo no puedo percibirlas. Hay muchísimas personas y estamos todos flotando.

–¿Reconoces a alguien?

–No por el momento, pero la sensación es agradable porque no parecen extraños. Es como si mi alma los conociera, aunque yo, como Diana, no sepa quiénes son. Me siento como en una fiesta con amigos, con personas que hablan entre sí y se divierten. Todos parecen muy felices de estar juntos, y yo también lo estoy. Me siento cómoda y serena, algo que nunca me hubiera pasado en la Tierra si hubiera ido a una fiesta donde no conociera a nadie. Camino entre ellos y todos sonríen cuando cruzamos las miradas, como si me estuvieran dando la bienvenida. Tengo la sensación de que en algún lugar también hay personas a las que Diana conoce. Percibo la presencia de mi tía abuela, la hermana de mi abuela, a quien tanto quería de niña. Me siento en casa.

Mientras tanto se había hecho tarde. Así que devolví a Diana a un estado normal de conciencia y esperé algunos minutos a que se recuperara, antes de hacerle algunas preguntas más acerca de la experiencia que acababa de experimentar.

–¡Increíble! –comenzó a decir una vez despierta–. Nunca pensé que me dejaría llevar de esta manera. Estaba completamente relajada y consciente al mismo tiempo. Una sensación muy extraña: me sentía despierta y presente aquí en su estudio todo el tiempo, pero también completamente inmersa en las circunstancias que estaba viviendo en la otra vida y, como si eso no fuera suficiente, percibía mi cuerpo rígido y me era imposible mover un solo dedo. Sé perfectamente que, si hubiera querido, habría podido moverlo, pero seguía rígido y quieto, como el resto de mi cuerpo. Es una sensación que no había experimentado nunca.

–Has descrito perfectamente lo que se siente durante el estado hipnótico –confirmé.

–La sensación que he tenido cuando Jenny vino a salvarme durante la vida de Shirley me ha recordado lo que sentí anoche cuando oí golpes en la puerta. Como si fuera una premonición. Mientras recorría la vida de Shirley, especialmente durante el episodio de la estrella polar, pensaba que simplemente estaba proyectando la situación que experimenté anoche, pero ahora, despierta, estoy segura de lo que he visto. La vida de Shirley me parece más presente y verdadera que nunca. Además, yo no tengo ningún interés en el período del viejo Oeste y, sinceramente, si hubiera tenido que inventarme una vida pasada, no habría escogido ser pobre, ejercer de prostituta y morir tan joven. Seguramente habría inventado algo mejor –aseguró Diana entre risas.

Yo no podría haber estado más de acuerdo con ella. Desde mi experiencia directa, puedo confirmar que generalmente recordamos vidas completamente normales, durante las cuales los sufrimientos, así como las alegrías, están a la orden del día. En la mayoría de los casos se trata de existencias normales y no están llenas de aventuras, lujo y glamour, como desearía la imaginación colectiva. A modo de confirmación, puedo dar fe de que, de las más de mil quinientas regresiones que he realizado, solo dos de ellas han hecho referencia a personajes históricos famosos. Espero no decepcionar las expectativas de muchos, pero puedo decir que las probabilidades de haber sido un personaje famoso en alguna vida pasada son prácticamente nulas.

Durante la regresión, Diana fue capaz de proporcionar información detallada y de una manera muy fluida y rápida. Esto confirmaba que, con toda probabilidad, se trataba de recuerdos reales en lugar de invenciones.

En cuanto al fenómeno de los golpes en la puerta que había escuchado la noche anterior, yo no necesitaba más evidencia para creer que, también en ese caso, como había sucedido con los cristales rotos de la semana anterior, había sido un intento de comunicación procedente de otra dimensión. Hace algunos años yo viví personalmente una experiencia idéntica a la de Diana. Una noche, antes de quedarme dormido, mis pensamientos se volvieron hacia mi adorada abuela materna, fallecida hacía más de treinta años, cuya presencia siempre me ha acompañado. Hacía mucho tiempo que no me daba ninguna señal de su presencia y aquello me entristecía mucho, de manera que, dirigiéndome a ella, le pedí que manifestara su amor de alguna manera. Yo me esperaba una sencilla coincidencia, alguna palabra que leyera o una imagen en algún lugar que me recordara a ella. Para mi sorpresa, en mitad de aquella misma noche, a las 4:35 de la madrugada para ser precisos, me desperté sobresaltado por unos fuertes golpes que sonaban en la puerta de mi casa. Preso del pánico, me apresuré a observar por la mirilla para descubrir quién estaba tratando de echar la puerta abajo. Vivo en un apartamento muy pequeño en una localidad de costa y mi puerta, que es la única entrada, da directamente a la calle. Fuera no había nadie y lo único que conseguí ver a través de la mirilla fue la oscuridad, iluminada únicamente por la bombilla del exterior. Para acceder a la casa desde la calle se debe subir un tramo de escalera de metal, pero yo no oí pasos, ni antes ni después de los golpes. Por lo general puedo escuchar los pasos de cualquier persona que pase por esa escalera, incluso los de mi pequeña chihuahua que apenas pesa dos kilos. Pero aquella noche no había absolutamente nadie.

De vuelta en la cama, poco a poco mi corazón recuperó su latido regular y pude volver a conciliar el sueño. En ese momento, conmocionado por el susto, no relacioné aquel suceso con la presencia de mi abuela, pero todo se presentó con mayor claridad a la mañana siguiente cuando, al despertarme, su recuerdo me vino a la cabeza.

Agradezco a mi abuela, a Diana y a las muchas personas que han narrado episodios como este el haberme ayudado a comprender que fenómenos como un ruido imprevisto o cristales que se rompen solos no son coincidencias, sino que pueden ser auténticos mensajes de amor procedentes del más allá.

Pero seguía teniendo algo que me rondaba la mente: quería a toda costa descubrir quién era el remitente de los mensajes dirigidos a Diana.

La coincidencia es la manera que tiene Dios
de mantenerse en el anonimato.
Albert Einstein

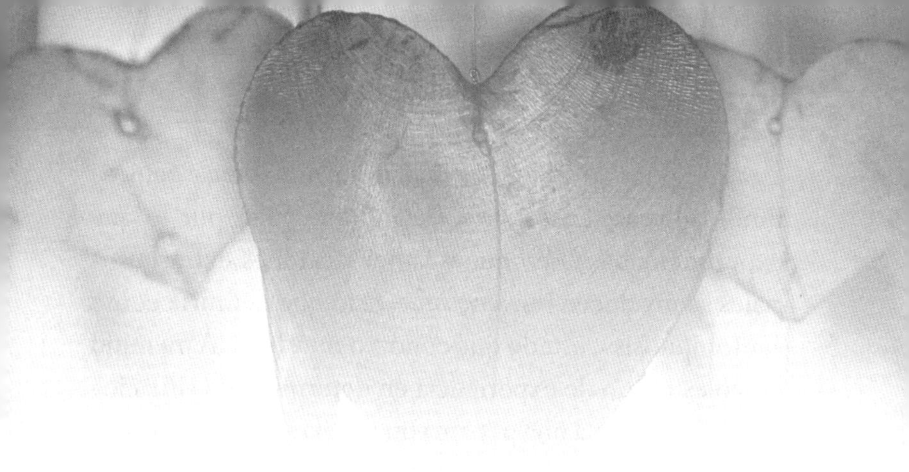

Sexto sentido

El encuentro con Diana resulto ser único desde un nuevo punto de vista, puesto que me había permitido redescubrir el «don» que también residía en mi interior y que todos nosotros tenemos, incluso sin haber tenido experiencias singulares durante la infancia o la juventud.

Quienes no son conscientes de él, definen este don como simple «intuición»; cuando todo va bien lo relegan a un papel marginal, sin llegar a confiar plenamente en sus propias percepciones. En realidad, el cultivo de esta capacidad innata, que todos poseemos, nos permite alcanzar niveles de conexión realmente sorprendentes, como sucede con algunos médiums.

Después de conocer a Diana, volví a cultivar en profundidad esas sensaciones, dejándome guiar por lo que experimentaba. Creo que mis percepciones extrasensoriales se producen durante un estado que definiría como «autohipnosis», estado que conozco muy bien. A menudo tengo este tipo de experiencia en determinadas situaciones. Al escuchar a una persona que habla sin interrupción, por ejemplo, me deslizo hacia un estado en el que las palabras pasan a un segundo plano y se convierten en un fondo que facilita el flujo de nuevas percepciones. Exactamente como había sucedido semanas antes en el caso del abuelo de Diana.

Recuerdo como si fuera ayer un episodio que me sucedió pocos días después de su visita. Como si alguien o algo, desde otro plano sensorial, quisiera puntualizar que no había sido cuestión de imaginación o coincidencia.

Yo había salido de mi estudio, situado en un gran centro multidisciplinar, para recibir a una persona que deseaba vivir una experiencia de regresión. De repente, al entrar en el vestíbulo, percibí una «presencia» de pie junto a una mujer de mediana edad de cabello liso y rubio recogido en un moño que estaba sentada en la sala. También en este caso, como ya me había sucedido al manifestarse el abuelo de Diana, las palabras salieron de mi boca sin darme tiempo a controlarlas. Sabía que tenía que decirle que un «hombre» había venido a visitarla desde otra dimensión.

Me incliné ligeramente hacia ella y le susurré:

–Buenos días, señora, perdone la molestia; puede que no me crea, pero percibo una presencia junto a usted.

Independientemente de la reacción de la persona interpelada, sé que mi función no es guardarme la información para mí sino comunicarla a la persona en cuestión.

–Pues dígame –respondió con una mirada mezcla de interés e incredulidad.

–Es un hombre esbelto, no sabría decir si por ser alto o delgado, puede que por las dos cosas. Tiene el cabello oscuro, de longitud media, y un bigote negro bastante espeso. Desde detrás de un par de gafas con una montura gruesa, estilo años setenta, dos ojos verdes la observan. También lleva un chaleco...

Todavía no había terminado la descripción cuando la señora rompió a llorar. Me tomó las manos y, mirándome fijamente, dijo:

–¿El chaleco es de *tweed*?

Me pareció una pregunta extraña en esas circunstancias y una vez más me sorprendí.

–Sí –respondí.

–Es mi marido –dijo–. Le apasionaban los chalecos y únicamente los llevaba de *tweed*.

Tras un largo suspiro, puede que liberador, continuó:

–Murió hace más de diez años. ¡Le echo tanto de menos! ¿Y usted ve que está aquí? Es increíble, gracias por decírmelo.

Y siguió sollozando, por mucho que yo tratara de consolarla.

Esperé a que se sintiera un poco mejor antes de irme. Me disculpé por la espera a la persona que me aguardaba en la sala y la invité a seguirme al estudio.

Mientras caminaba por el largo pasillo, estas palabras me resonaban en la mente: «Has tomado la decisión correcta. No te has equivocado. Has tomado la decisión correcta. No te has equivocado».

Era una situación extraña, porque me resultaba claro que esas palabras no se dirigían a mí. Era más bien como si el hombre, cuya presencia acababa de percibir, quisiera comunicárselas a su esposa.

Sentí la urgencia de volver sobre mis pasos. Dejé que la persona que había venido para la regresión se acomodara, me disculpé de nuevo y le rogué que me esperara algunos minutos más. Mientras regresaba a la sala de espera, la parte racional de mi mente comenzó a preguntarse sobre la naturaleza de ese mensaje: «Has tomado la decisión correcta. No te has equivocado». Era tan vaga que podría aplicarse a cualquiera. Y la razón me recordaba que era muy poco probable que de repente me hubiera convertido en una especie de médium capaz de recibir mensajes del más allá. Cualquiera que haya recibido un mensaje tan elemental podría haberle dado un significado en función de las circunstancias: no te has equivocado al comprar el coche nuevo, al responder a tu jefe en la oficina, al beber el café aunque era tarde, etc. Tal vez mi parte racional estuviera en lo cierto, quizá me lo había inventado todo y era mejor dejar tranquila a esa pobre señora sin añadir confusión con más información. Pero algo dentro de mí me urgía a entregar aquel mensaje mientras un torrente de palabras seguía fluyendo en mi mente.

La señora rubia seguía allí, con los ojos enrojecidos por las lágrimas. Me saludó con una gran sonrisa que expresaba ternura y gratitud. A su lado, yo todavía sentía esa «presencia».

–Disculpe otra vez –me acerqué–, no quisiera abusar de su paciencia, pero creo que su marido quiere transmitirle un mensaje concreto. Dice que usted «ha tomado la decisión correcta y no se ha equivocado». No sé a qué se refiere.

La mujer volvió a romper a llorar, esta vez todavía más fuerte, llevándose la mano derecha al corazón. Estaba verdaderamente conmocionada, hasta el punto de que temí que pudiera pasarle algo.

–¿Va todo bien? –le pregunté.

–Sí, gracias. Estoy bien –respondió, sin dejar de llorar–. Es muy sorprendente lo que me ha dicho y todavía no me lo puedo creer. Hace diez años que prácticamente he dejado de vivir. Mi existencia ha estado acompañada por una terrible duda que no me ha abandonado ni por un momento. Debe usted saber que, después de un terrible accidente, mi esposo estuvo en coma conectado a una máquina durante muchos meses y al final fui yo quien tuvo que tomar la terrible decisión. Desde entonces no he estado en paz conmigo misma, nunca me lo he perdonado. ¿Entiende por qué las palabras que me acaba de decir son la mayor alegría de mi vida? ¡Gracias!

Al escucharla, sentí una fuerte emoción. Me sentía muy conmocionado por la tristeza de aquella historia íntima y privada, pero todavía más por la absoluta relevancia de aquel mensaje que había resultado ser cualquier cosa menos vago.

Intuición: 1; racionalidad: 0.

La segunda parte de aquella extraña tarde me confirmaría todavía más que todos tenemos el don de la comunicación extrasensorial, a la que llamamos «intuición». Creo que la posibilidad de la existencia de un «sexto sentido» capaz de apreciar otras formas de materia no es en absoluto imposible y que nuestros cinco sentidos tradicionales son pocos e inadecuados para percibir la totalidad de la realidad. La conciencia humana sigue siendo tema de debate abierto, también desde el punto de vista científico, dado que la neurociencia moderna aún no ha podido identificar su ubicación a nivel cerebral ni su funcionamiento. Lo que sabemos es que varias áreas del cerebro pueden ser responsables de diferentes actividades corporales o pueden trabajar en sinergia gracias a las llamadas «redes neuronales»; es decir, redes de comunicación entre neuronas ubicadas en diferentes áreas del cerebro. No está claro dónde reside exactamente lo que comúnmente llamamos «conciencia». La investigación neurocientífica avanza a una velocidad increíble, teniendo en cuenta que estas disciplinas tienen apenas unas pocas décadas de vida. Gracias a los últimos avances, quizás algún día descubramos que la conciencia no está confinada dentro de esa maravillosa máquina biológica encerrada en la bóveda craneal.

En este sentido, es oportuno recordar una teoría de la física cuántica sobre los microtúbulos y la conciencia en la que están trabajando desde 1996 el médico estadounidense Stuart Hameroff (director del Centro de Estudios sobre la Conciencia de la Universidad de Arizona) y *Sir* Roger Penrose (físico, matemático y profesor emérito de la Universidad de Oxford). Ambos estudiosos plantean la hipótesis de que no existe una separación real entre lo que está dentro o fuera de nosotros y que la conciencia se sitúa en ambas posiciones. En pocas palabras, que el cerebro humano procesa información (¿es esta su conciencia?) que se encuentra tanto en su interior como en su exterior. Y esto significaría que la conciencia misma no está confinada a los cinco sentidos ni limitada por ellos.

Una vez de vuelta en el estudio, me disculpé nuevamente con la persona que llevaba esperándome más de media hora. Era una mujer adulta. El cabello castaño de longitud media le caía suelto sobre los hombros. De estatura y físico absolutamente normales, tenía una tez muy clara y no llevaba nada de maquillaje. Inmediatamente me sorprendieron sus ojos pequeños, oscuros y especialmente luminosos, que de inmediato me llamaron la atención a pesar de no haberme dado la oportunidad de mirarlos cuidadosamente debido a su extrema timidez. Por respeto a la privacidad, no le conté lo que había sucedido antes en la sala de espera. Sin embargo, dado que las coincidencias no existen, el hilo conductor de la segunda parte de aquella tarde resultó ser el mismo tema.

–Gracias de nuevo por venir, Emma –le dije.

–Gracias a usted por recibirme –respondió–. He decidido venir a verlo porque una amiga muy querida me regaló su libro y he pensado que tal vez usted me podría ayudar a comprender lo que me sucede. Y, quién sabe, tal vez usted pueda también resolver un problema bastante serio que otros muchos han abordado en vano. –Sonrió con aire pícaro; por un momento, sus ojos brillaron de juventud despreocupada–. Como cantó Vanoni: «Probemos también con Dios, nunca se sabe...». Usted no es Dios, pero a él no lo tengo precisamente al alcance de la mano, mientras que usted está aquí y la esperanza es lo último que se pierde.

Se puso seria.

–¿A qué te refieres? ¿Por qué crees que yo puedo entender lo que te pasa? –pregunté.

–Siempre me da un poco de vergüenza hablar de esto. Siempre que he intentado hacerlo, incluso con personas abiertas y progresistas, he tenido la sensación de que me tomaban por loca. Por lo general, los que me escuchan me miran de una manera extraña y consiguen que yo también me sienta extraña; y esto me sucede desde niña.

–No te preocupes –la tranquilicé sonriendo–. Personalmente, siempre trato con temas «extraños» o, por lo menos, fuera de lo común.

Yo ya había entendido dónde íbamos a ir a parar. Tras haber conocido a tantas personas con una sensibilidad especial y un don particular de comunicación extrasensorial, estaba seguro de no equivocarme.

Entendía bien la confusión de Emma. Como ya se ha mencionado, a menudo sucede que estas personas son marginadas cuando manifiestan sus percepciones, y generalmente les sucede desde muy corta edad. Los niños cuentan con inocencia todo lo que les sucede y los adultos los inhiben al insinuar miedos o auténticas ansiedades.

Conocí a una persona que durante casi treinta años de su vida nunca se miró al espejo porque su abuela le había inculcado la idea de que, si se observaba durante demasiado tiempo, el demonio saldría por el espejo.

Pero volvamos a Emma.

–Sí, es cierto. Las personas generalmente evitan lo que no controlan y la mayoría de las personas consideran que todo lo que tiene que ver con vidas pasadas o almas es un tema improductivo. A lo sumo, los consideran simple palabrería. Yo siempre he tratado de llevar una vida «normal»: estudié, inicié mi carrera, me las arreglé para comprar una casa y tengo amigos que me aprecian. Pero dentro de mí, desde niña, me sentía un poco fuera de lo común.

–¿En qué sentido?

–Veo el aura de las personas, puedo medir su energía.

Hizo una pausa breve, como para reunir ideas, y luego, mirando hacia un punto distante, continuó:

–Cuando me encuentro con alguien por primera vez, sé perfectamente qué tipo de persona es; si es sincero o no lo es, si sufre o si tiene algún problema. Y puedo recargar su aura con mi energía. Descubrí, por casualidad, que puedo enviar energía incluso a distancia. La primera vez sucedió con la abuela de mi compañera de clase, que ya no podía levantarse de la cama y cuando intenté inocentemente transmitirle energía, ella logró levantarse para ir sola al baño. Desde entonces he tenido cientos de éxitos de los cuales yo misma me sorprendo. Le diré que al principio estaba tan impresionada y feliz que dejé de tener vida propia. Comencé a recorrer hospitales, sanatorios y «rincones oscuros» de la ciudad... Pero era yo la que enfermaba. Entonces me di cuenta de que aquella no era mi función en la vida. He aprendido a manejar este don con equilibrio. Si tengo noticias de alguien que sufre, incluso si está lejos de mí, puedo hacer que se sienta mejor solo con el pensamiento.

»Y luego –dijo en un suspiro, como si quisiera deshacerse de algo voluminoso–, también percibo la presencia de los fallecidos al lado de la gente. Digo «percibir» porque no los veo, pero sé que están allí, reconozco sus características, sus ropas, mientras me viene a la mente información que no tiene nada que ver conmigo.

Mientras le decía: «Entiendo, Emma», sentí un ligero estado de agitación. Aquello era exactamente lo que me había pasado en la sala de espera. No podía ser una coincidencia. No estoy seguro, pero me parece recordar que fue entonces cuando decidí hablar sobre estas experiencias en este segundo libro.

El número de personas con «dones» extrasensoriales que venían a mi estudio era cada vez mayor. Tampoco esto podía ser casualidad. Y aquel día sentí que era importante contar todo esto; era especialmente importante para las personas dotadas de estos «regalos», que los viven en secreto y con ansiedad. Conocer su normalidad puede mejorar su existencia y prevenir la marginación.

–Creo que lo que me estás describiendo son básicamente intuiciones –comenté.

–Sí. Realmente creo que esa es la palabra correcta para definir mis sensaciones –respondió Emma sin dudarlo.

Aproveché una pausa para teorizar un poco. Admito que tengo esta tendencia, es parte de mí y no puedo resistirme a ella.

–La intuición es parte de cada uno de nosotros. Estoy convencido de que, si lo aceptamos, todos podremos llegar a comprender y utilizar positivamente nuestra propia energía y la de los demás. La intuición es una forma de comunicación que es independiente de la palabra, un legado que nos llega desde muy lejos, puede que desde que comenzamos a caminar erguidos; el lenguaje aún no estaba completamente desarrollado y la palabra no era predominante. Esta capacidad ha permanecido con nosotros, pero la hemos sofocado bajo capas y capas de «racionalidad». Es comparable a una versión muy poderosa de la empatía, de la capacidad humana de ponerse en contacto sin mediación con otro ser y compartir sus sensaciones.

A nivel neurocientífico, la base fisiológica de la empatía parece residir en el área F5 de la corteza prefrontal y en el lóbulo parietal, en las llamadas «neuronas espejo», descubiertas en la década de 1990 por un equipo dirigido por un neurocientífico italiano, el profesor Giacomo Rizzolatti. Parece ser que estas neuronas desempeñan un papel fundamental en este ámbito como mediadoras para comprender el comportamiento de los demás. Ya existen numerosas investigaciones científicas sobre estas neuronas, gracias a las cuales la forma de estudiar y comprender las funciones del cerebro ha cambiado radicalmente. Todos sabemos que el cerebro es una máquina biológica maravillosa y cada día descubrimos un nuevo potencial. Una contribución muy importante llega de manos de un neurocientífico estadounidense de origen indio, el profesor Vilayanur Ramachandran. Mientras realizaba una investigación exhaustiva y profunda sobre el «síndrome del miembro fantasma», señaló que todos los pacientes con amputación de miembros siguen percibiendo durante años sus sensaciones físicas, con un sufrimiento real y que de ninguna manera puede ser aliviado porque la extremidad que causa el sufrimiento ya no existe. Después de años de observación, el profesor Ramachandran pudo demostrar la raíz neurobiológica de estas sensaciones en el cerebro.

Pero la pregunta es: si el cerebro es capaz de «crear» una realidad tan presente como para influir en su neuroplasticidad, es decir la capacidad de determinar cambios fisiológicos y funcionales permanentes en su interior, ¿por qué no hipotetizar que pueda poseer también un «sexto sentido» capaz de percibir información aparentemente no presente a nivel material? Podemos y debemos tratar de desarrollar y cultivar estas habilidades dentro de cada uno de nosotros. Con el conocimiento de que se trata de un don y no de un poder que vuelve a unas personas mejores o peores que las demás. Y un don no se puede utilizar a voluntad: las percepciones vienen cuando tienen que hacerlo. La naturaleza del mensaje siempre tiene un propósito positivo. La negatividad y el sufrimiento son características terrenales que no se reflejan en el nivel espiritual, en el que la única fuerza presente es el amor. Pero somos imperfectos y es nuestra imperfección humana lo que a veces nos hace dar al mensaje o percepción un valor negativo que no tiene. E incluso cuando alguien percibe una escena dolorosa o violenta, el objetivo final de la comunicación siempre será positivo.

Por supuesto, debemos estar muy abiertos a aceptar estos fenómenos. Al igual que se debe tener la certeza de que la magia negra o los espíritus malignos no existen y que lo que estamos acostumbrados a llamar «energías negativas» opera solo a nivel humano, sin ninguna connotación sobrenatural. Estoy profundamente convencido de que cualquier episodio con elementos de evidente negatividad tiene explicaciones totalmente terrenales y newtonianas. Es posible que por estas convicciones mías me gane la antipatía de falsos médiums, charlatanes, pseudoexorcistas y de todos aquellos que se aprovechan de la ignorancia de los demás. Según mi experiencia, lo que percibimos del mundo extrasensorial a través de la intuición siempre tiene un valor positivo.

En la mayoría de los casos, recibimos mensajes de consuelo o de ayuda procedentes de seres queridos que nos han dejado (como en el caso de la señora de la sala de espera) o de ángeles de la guarda o de nuestros guías celestiales. Pero, dado que este argumento nos llevaría muy lejos, volvamos a Emma o al menos a su situación con la certeza de que la negatividad existe solo en nuestra limitadora interpretación humana. Somos nosotros quienes proyectamos miedos, malestares y traumas en el plano metafísico. En el plano extrasensorial y espiritual, la única energía presente es el amor. No hay nada más que amor. Solo hay amor.

–Entonces, en su opinión, ¿no es un «poder» sino algo natural que todos tienen, incluso aquellos que no saben o no saben usarlo? –Continuó hablando en un tono que revelaba un renovado interés.

–Sí, sin duda alguna. Es un don que todos tenemos. Algunos de nosotros tenemos mayor facilidad para usarlo espontáneamente, mientras que otros primero necesitan advertirlo, después cultivarlo y a continuación desarrollarlo. Otros todavía tienen tanto miedo que nunca lograrán hacerlo emerger. Personalmente, yo sugeriría a todos «jugar» y poner a prueba su propia intuición. Las personas que han asistido a alguna conferencia mía saben que suelo realizar ejercicios prácticos que ayudan a los presentes a desarrollar esta sensibilidad –afirmé.

–¡Me quita un peso de encima! Créame, había llegado a pensar que tenía alguna enfermedad mental desconocida que nadie era capaz de diagnosticar. Incluso he sospechado que podía padecer esquizofrenia, aunque la verdad es que no escucho ninguna voz.

–El autodiagnóstico nunca es una buena idea, Emma. Solo un psiquiatra o un psicólogo pueden hacer un diagnóstico de este tipo –la interrumpí.

Sin entrar en el campo clínico, traté de ayudarla a comprender que hay una gran diferencia entre tener una intuición y tener alucinaciones sensoriales. Es conveniente recordar al lector que, por ejemplo, en el caso de percepciones anómalas relacionadas con la esquizofrenia, dos características parecen tener especial importancia: el carácter intrusivo y el contenido. Por «intrusivo» entendemos la frecuencia con la que ocurren las alucinaciones visuales, auditivas o sensoriales y si estas afectan el desempeño de las actividades diarias normales. Por su parte, el discriminante con respecto al «contenido» consiste en resaltar si este es positivo o negativo. Si el contenido alucinatorio es negativo, denigrante o violento, nos encontramos frente a una patología. De lo contrario, no siempre se trata de un trastorno mental.

En los Estados Unidos y el Reino Unido primero, y ahora en otros países, se han formado redes y asociaciones de personas dotadas de percepciones sensoriales atípicas. La intuición de una persona o ese «sexto sentido» no producen episodios alucinatorios, son dos cosas completamente diferentes. Es muy importante establecer las diferencias para que las personas con una fuerte sensibilidad no se consideren enfermas. Una cosa es tener una intuición fuerte, que a veces nos permite percibir información que puede incluir señales extrasensoriales, y otra es una alucinación perceptiva.

–Recuerdo que las primeras veces que tuve estas experiencias estaba realmente aterrorizada –dijo Emma.

–Es normal que lo estuvieras. Todas las personas que tienen capacidades lo están al principio. Tememos lo paranormal porque es algo que no conocemos y a lo que no estamos acostumbrados. Además, durante mucho tiempo el cine no ha sido de mucha ayuda. Actualmente las cosas están cambiando y estos temas son cada vez más el objeto de argumentos de películas que no tienen nada que ver con el terror. Si aprendemos a conocer «la otra parte» de la realidad, ya no la temeremos, porque son experiencias que solo pueden brindarnos una gran ayuda.

–¿Sabe que tiene razón? De hecho, ahora que lo pienso, los mensajes que recibo son siempre para el bien. Podría contarle muchos casos en los que los mensajes que percibí fueron de gran ayuda para sus destinatarios. ¿Sabe que me siento aliviada? ¿Qué le parece si tratamos de afrontar el otro problema que tengo? Quién sabe si hay una solución.

–¡Quién sabe! Cuéntame.

–Desde hace más de veinte años sufro de fuertes dolores por todo el cuerpo. Me he sometido a una serie interminable de exámenes, me han hecho TAC y diferentes resonancias, pero nunca he conseguido tener un diagnóstico que pudiera llevar a una cura. Mis análisis son perfectos, mi órganos internos están sanísimos, pero yo soy víctima de dolores a menudo insoportables. ¿La conclusión tras los análisis? Dolor de naturaleza psicosomática y depresiva. He estado en tratamiento psicológico durante mucho tiempo, pero sigo sufriendo terriblemente.

–¿En qué partes del cuerpo se localizan estos dolores?

–Están muy repartidos, pero son más persistentes a lo largo de la columna vertebral, los hombros, los codos, las rodillas y las piernas. Al principio sentía dolor durante uno o dos días, luego se iba y volvía cada cierto tiempo. Con el tiempo, la frecuencia y la localización del sufrimiento han aumentado cada vez más, hasta convertirse en crónico. El dolor ahora está muy extendido y siempre está presente; además, en algunos períodos se agudiza hasta el punto de obligarme a guardar cama y largos períodos de reposo. Una mañana ni siquiera logré levantarme para ir a trabajar. Estaba completamente bloqueada; me había despertado a las siete y media, mi cerebro estaba alerta, pero yo no podía mover ningún músculo. Ni siquiera pude alcanzar el teléfono móvil en la mesilla de noche para avisar a la oficina de que no iba a ir al trabajo. Pasaron cuatro horas hasta que pude comenzar a moverme nuevamente, y eso con mucho esfuerzo. Desde entonces sigo dosificando mi energía, previniendo las crisis con muchas horas de reposo y reduciendo al mínimo cualquier movimiento. Una vida de renuncia al movimiento y la vida activa.

»Me las he arreglado para seguir así durante años. Cuando la discapacidad pasó de ser episódica a crónica, pasaba mañanas y tardes enteras en la cama. Los días en que podía vivir una normalidad parcial eran cada vez más raros. Un buen especialista, recomendado por una amiga, me diseñó el tratamiento que todavía estoy haciendo y que, muy lentamente, me ha devuelto una vida parcialmente normal. En los últimos dos años he tenido una auténtica recuperación, he vuelto a trabajar, he aceptado una tarea de responsabilidad que es difícil y exigente, pero cuando no estoy trabajando, duermo; no tengo vida privada porque los dolores siempre están presentes, aunque estén bajo control.

–Perdona –le dije–, ¿hay algo que te asuste especialmente? ¿Padeces de alguna fobia?

–Oh, sí. Me da pánico el fuego –respondió Emma sin dudarlo.

Asentí y la hice echarse sobre el diván. Era conveniente proceder a una regresión a una vida pasada que quizás podría ayudarnos a comprender las causas de ese malestar que probablemente tenía sus raíces en el tiempo.

Confiada, Emma se dejó hacer y no tardó mucho en alcanzar un profundo estado de trance.

–¿Qué ves? ¿Dónde estás? –le pregunté, notando que debajo de sus párpados sus ojos habían comenzado a moverse de forma rápida e incontrolada.

–Veo un carruaje negro en primer plano, con grandes ruedas y viejos faroles que cuelgan a ambos lados de la parte delantera. La niebla comienza a desvanecerse y los contornos de la escena aparecen más nítidos. El carruaje va por una calle adoquinada que cruza un antiguo pueblo de casas y, más adelante, a la derecha, los escalones de la fachada de una pequeña iglesia con campanario.

–¿Cómo son las ventanas? –pregunté, sabiendo por experiencia que este detalle a menudo es fundamental para entender en qué época tiene lugar la escena.

–Las ventanas son pequeñas, con contraventanas de madera hechas de tablas de color marrón oscuro, gruesas y poco elaboradas, con barras de hierro irregulares para prevenir las intrusiones de aspecto tosco y fabricación evidentemente artesanal.

–¿Y tú dónde estás?

–Estoy caminando a un lado de la calle, junto a la construcción.

–¿Puedes ver tus pies? ¿Cómo son tus zapatos?

–Llevo un calzado de lona, bastante maltratado.

–¿Eres pobre?

–Sí, soy una vagabunda.

–Describe cómo estás vestida.

–Llevo una falda larga con varias capas de algodón grueso que me llega debajo de las pantorrillas. Está desgarrada y sucia. Arriba llevo un corpiño negro ajustado en la parte posterior por cordones cruzados sobre una blusa desgastada, que en su momento debió de ser hermosa, con un bello fruncido alrededor del cuello y de las anchas mangas cerradas en las muñecas.

–¿En qué parte del mundo estás?

–Portugal –respondió de inmediato y con voz segura.

–¿Dónde exactamente?

–Coímbra.

–¿Cómo te llamas?

–Geneviève.

–¿Qué año es?

–1469 –dijo sin dudarlo y añadió, como si de repente hubiera retomado el control racional de la situación–: Es absurdo que esta fecha haya salido de mi boca. Mi voz ha hablado incluso antes de que yo misma pudiera entender lo que estaba a punto de decir.

–Entonces, ¿eres portuguesa? –le pregunté de inmediato, para hacerla regresar sin dudas a la escena de hace casi seiscientos años.

–No, me he escapado, he escapado del sur de Francia.

–¿Por qué?

–Me he visto obligada a huir, de lo contrario me habrían matado.

–¿Quiénes?

–¡No lo sé!

–¿Llevas mucho tiempo en Portugal?

–Sí. Unos veinte años.

Me di cuenta de que era necesario retroceder rápidamente en el tiempo antes de que el flujo de información se bloqueara.

–Ahora contaré hasta tres. Cuando llegue a tres, te encontrarás en el momento de tu fuga, quizás el momento más importante de tu vida –le dije–. De la vida de Geneviève –añadí–... ¡Tres! ¿Qué ves? ¿Qué está sucediendo?

–Estoy en un bosque. Es una noche de luna llena. Como una gran bola de luz, la luna ilumina el bosque. Puede que sea justo antes del amanecer, porque tengo los pies húmedos de escarcha y rocío. Estoy frente a un fuego encendido y remuevo hierbas medicinales en una olla.

–¿Cuantos años tienes?

–Un poco más de veinte.

–¿Vives ahí?

–En un pueblo cercano.

–¿Para qué sirve lo que estás preparando? –continué.

–Son medicinas.

–¿Por qué las estás preparando tú?

–Soy curandera.

–¿Dónde aprendiste este arte?

–Es una tradición de mi familia. Lo aprendí de mi abuela; se transmite por vía femenina.

–¿Y por qué en el bosque de noche?

–Tengo que esconderme. Este oficio está prohibido; quienes lo practican son perseguidos y pueden ser condenados a la hoguera.

–Entonces, ¿por qué lo haces?

–Porque siento que mi destino es evitar que este conocimiento se pierda.

–¿Qué sucede ahora? –le pregunté, viendo su rostro repentinamente enrojecido y su expresión preocupada.

–Mis perros, que siempre me acompañan cuando salgo a recoger hierbas por la noche, han comenzado a ladrar.

–¿Qué quiere decir eso?

–Que algo o alguien se acerca. ¡Oh, Dios mío! Son los guardias. Quieren pillarme con las manos en la masa.

–¿Cómo saben que estás ahí?

–Creo que alguien del pueblo me ha traicionado. Echo a correr como una posesa, voy al lado opuesto del bosque. Por suerte lo conozco mejor que ellos.

–¿Adónde planeas ir?

–No lo sé. Sé que tengo que huir lejos. ¡Si me atrapan me matarán, me enviarán a la hoguera! No quiero dejar para siempre a mi niño sin saber qué será de su vida, pero ahora debo huir...

–Entonces, ¿estás casada?

–Lo estuve, pero mi esposo partió como soldado y nunca volvió.

–¿Así que tienes un hijo?

–Sí, un niño pequeño que tenía solo tres años y medio cuando tuve que dejarlo.

–¿Lo has vuelto a ver desde que vives en Portugal?

–No. Intenté que una amiga lo buscara, la única que sabe dónde vivo, pero no queda rastro de él. Esperemos que se haya encontrado con buenas personas.

Su voz estaba quebrada; había que reanudar la regresión antes de que la emoción la abrumara.

–Ahora contaré hasta tres. Cuando llegue a tres, quiero que pienses en tu marido, el marido de Geneviève en esa vida y lo mires intensamente a los ojos. –Cuando llegué a tres le pedí–: Dime si reconoces en ese hombre el alma de alguien que esté presente en tu vida actual.

–Sí. Me recuerda a un hombre que conozco, un hombre al que amé pero con quien tuve una relación tormentosa.

–Quiero que pienses en la relación que tuvo Geneviève con su marido en aquella vida y en la relación que tú, Emma, viviste con ese hombre. Detrás de lo que tu alma te está mostrando en este momento, ¿hay algo que debas entender? –Le dejé tiempo para procesar la información.

–Sí. De esa experiencia aprendí a ser más fuerte, más segura e independiente. Como lo fue Geneviève.

–Ahora quiero que pienses en tu hijo. Míralo profundamente a los ojos. ¿Reconoces su alma?

–Sí. Es mi amigo del alma, quizás el único verdadero amor de mi vida actual. Un alma gemela –respondió con el rostro notablemente más relajado, casi sereno. La dejé unos minutos más para que disfrutara plenamente de ese momento de felicidad.

–¿Sabes lo que quiere decir esto? –le pregunté–. Que has tenido ocasión de volver a encontrar el alma de tu hijo también en la vida actual. Es el mejor amigo de Emma y podrás volver a verlo y abrazarlo cuando quieras.

Asintió. Ahora me sentía libre de llevarla al momento final en la vida de Geneviève para encontrar la causa de su enfermedad actual.

Y suavemente la conduje hasta el momento de la muerte.

–¿Dónde te encuentras? –le pregunté.

–Vuelvo a estar en Coímbra, en el camino. Está oscureciendo. ¡Ayuda! –un grito ahogado salió repentinamente de la garganta de Emma.

Admito que yo también me estremecí. No me lo esperaba. Su voz se volvió tenue, apenas podía escuchar sus palabras.

–Estoy aplastada bajo las ruedas del carruaje. Tengo terribles dolores en diferentes partes de mi cuerpo.

–¿Dónde duele más? –pregunté.

–Piernas, brazos, columna vertebral, un dolor indecible.

¡Por fin! Habíamos llegado a lo que buscaba. Podíamos dirigirnos hacia el final de la sesión. Le toqué suavemente la frente, dándole instrucciones para que dejase la sensación de dolor en ese momento y en esa existencia.

–Ahora quiero que abandones tu cuerpo embestido por el carruaje y te mires desde arriba. ¿Qué sientes una vez muerta?

–No tengo palabras para describir lo que siento. Una sensación de bienestar, serenidad, felicidad y ligereza me envuelve. La ansiedad y las percepciones físicas han desaparecido. Nunca he experimentado un estado mental y corporal como este. No creo que pueda encontrar las palabras porque nunca he experimentado algo así en la existencia terrenal. Creo que el éxtasis es algo parecido a esto.

Su voz había regresado a la normalidad y su cuerpo inmóvil y relajado reflejaba un evidente estado de dicha. Emma parecía serena y su rostro mostraba una amplia sonrisa de felicidad, mientras cálidas lágrimas, sin duda de alegría, descendían desde los párpados a medio cerrar. Todos los signos de un estado hipnótico decididamente profundo.

–Ahora contaré hasta diez. Cuando escuches el número diez, no antes, te despertarás, te sentirás muy bien, regresarás a un estado de conciencia normal y dejarás a Geneviève y a su vida todo dolor o sufrimiento.

Pasaron algunos segundos.

–¡Diez!

Emma abrió los ojos y entre lágrimas dijo:

–Gracias.

–¿Cómo ha ido la sesión? –le pregunté, después de dejarle unos minutos para recuperar el control físico total de su cuerpo.

–Muy bien. Me siento muy feliz. Realmente no me esperaba sensaciones físicas tan intensas. No le voy a ocultar que mientras le daba toda esa información tan detallada, mi mente racional se preguntaba de dónde la había sacado. En ese extraño estado, que definiría como letargo consciente, las reminiscencias surgían en una corriente continua, tanto en forma de imágenes fijas como una secuencia de imágenes en movimiento o como detalles descritos por mi voz a través de la palabra sin ninguna correspondencia visual. Mi parte consciente miraba como un espectador, asombrada e ignorante de lo que mi voz decía y los ojos de la mente veían. Todo sucedía tan rápido que mis facultades lógicas y cognitivas no podían controlar ni inventar los hechos que iba contando. Respondiendo a sus preguntas sobre ese tiempo y lugar tan lejos de mi vida actual, mi mente se preguntaba de dónde provenía toda esa información y esa extravagante historia. En un nivel sensorial, ha sido una experiencia verdaderamente fantástica.

–¿Cuál crees que es la conexión entre la vida vivida como Geneviève hace más de quinientos años y la vida actual de Emma?

–¡El nexo es evidente! Ahora me explico el terror hacia el fuego, una verdadera fobia, la antipatía hacia el sur de Francia y mi aversión por los uniformes de los guardias. Como a Geneviève, me aterrorizaba terminar en la hoguera. Y de Geneviève traje conmigo los inexplicables dolores. –Se detuvo.

–Pronto veremos si es así. De verdad lo espero.

Y así fue.

Pasado un tiempo, Emma volvió a ponerse en contacto conmigo y me contó que no había vuelto a sentir aquel tipo de dolores. Ahora, como nos sucede a todos, cuando tenía dolor de cervicales o de lumbalgia debidos a un golpe de aire, a un mal movimiento o a la humedad, se trataba de dolores totalmente diferentes de los que había experimentado en el pasado. Cinco meses después de la experiencia de regresión y de la recreación del trauma del incidente del carruaje, Emma podía afirmar que sus dolores eran un problema «del pasado».

La mente intuitiva es un don sagrado y la mente racional es un fiel sirviente. Hemos creado una sociedad que rinde honores al sirviente y ha olvidado el don.

Albert Einstein

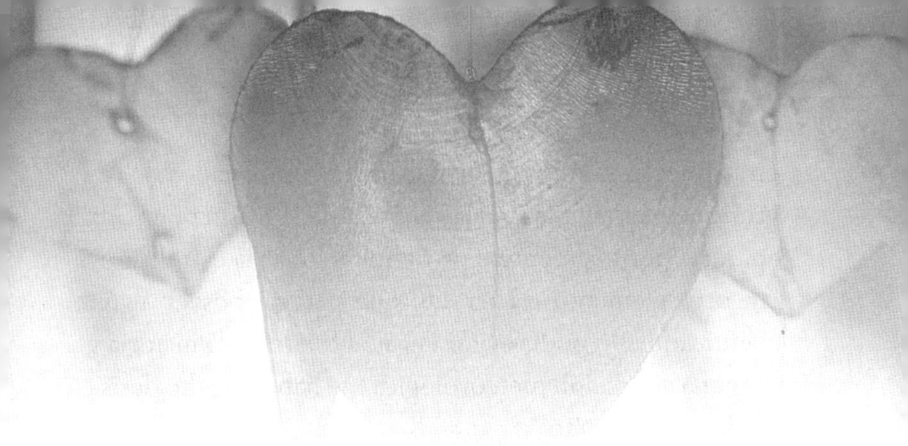

Por un soplo

Había estado esperando con ansia el día que estaba por comenzar. El calor húmedo e insoportable derretía el asfalto de las calles de la ciudad, pero decidí igualmente recorrer los sesenta kilómetros que separaban el pueblo costero donde vivía de la gran ciudad donde por aquel entonces tenía mi estudio. La razón era simple: unos días antes había recibido una llamada telefónica de Diana en la que me proponía una nueva sesión de regresión. De no haberse tratado de ella, probablemente no habría aceptado, precisamente por la fuerte ola de calor que acompañaba aquel final de julio. Pero la curiosidad pudo con lo demás. Quería entender por qué aquellas extrañas coincidencias, los cristales rotos y los golpes nocturnos en la puerta, siempre habían estado acompañados de regresiones durante las cuales el alma de la misma persona aparecía puntualmente. Por no mencionar la estrella polar, otro elemento recurrente que parecía poseer algún significado. No podía evitar llegar al fondo de la historia y ninguna condición meteorológica me habría hecho desistir de mi propósito.

El edificio estaba desierto. Inmediatamente encendí el viejo y ruidoso aparato de aire acondicionado, con la esperanza de que aliviaría un poco la pesadez de aquella agobiante jornada. Diana llegó poco después. Estaba visiblemente acalorada, pero su expresión era tranquila, como la de una persona totalmente diferente respecto de la mujer que encontré aquella primera vez en la que nos conocimos. La ansiedad y el miedo parecían haberse desvanecido, reemplazados por una mirada serena y deseosa de comenzar la sesión.

–Bienvenida –le dije mientras la invitaba a acomodarse.

–Gracias por recibirme. Sentía necesidad de venir.

–¿Por alguna razón en particular?

–Estoy abatida y triste en este período. He estado viviendo sola durante mucho tiempo y he encontrado un equilibrio, pero últimamente echo en falta una persona que me quiera. Alguien a quien contar mi jornada al regresar a casa, con quien salir de vez en cuando a cenar fuera a un lugar agradable, un hombre que me abrace por las noches en el sofá frente al televisor. He estado pensando mucho sobre las regresiones que hemos hecho y las extrañas coincidencias que han ocurrido y creo sinceramente que alguien está tratando de comunicarse conmigo. No tengo ni idea de quién podría ser, pero cada vez que he revivido una vida pasada, siempre me ha sucedido algo extraño relacionado con esa vida. Primero los vasos rotos, luego alguien que llama a la puerta en medio de la noche y la estrella polar que aparece en todas las vidas. ¿Sabe lo que me pasó la última vez, nada más salir de aquí?

–¿Qué?

–¿Recuerda que en mi última vida me encontraba en la época del Oeste? ¿Y que mi alma gemela, que era mi amiga más querida en esa vida, llevaba un sombrero de vaquero?

–Sí, lo recuerdo.

–Bueno, tan pronto como salí por la puerta aquel día, conocí a una mujer que iba con un niño que llevaba un sombrero de vaquero y una estrella gigante sobre el pecho.

–En efecto, otra coincidencia –le respondí sonriente.

–Y las cosas extrañas no terminan ahí. Esta mañana, mientras desayunaba en casa, he sentido un soplo de aire fresco que me acariciaba el cuello. ¿Sabe el calor que hace hoy? Y yo no tengo aire acondicionado ni estaba sentada junto a la ventana. Además, no soplaba el más mínimo viento. Me ha parecido algo sobrenatural. Creo que... –dijo mirando hacia abajo, como si todavía tuviera miedo de ser juzgada, incluso por mí.

–No te preocupes –le dije–. Como tú misma pudiste constatar con la «presencia» de tu abuelo, no eres la única a la que suceden estas cosas. Hay muchas personas que tienen ese don, solo que tienen miedo de hablar abiertamente de ello. He tenido ocasión de descubrir que se trata de un fenómeno muy extendido.

Lo que acababa de decirme no me parecía incoherente ni imposible. Personas dotadas con algún tipo de don extrasensorial me habían contado en numerosas ocasiones que los desplazamientos de aire, que a menudo se percibe como fresco, son uno de los fenómenos más comunes a través de los cuales se puede advertir la «presencia» de alguien que ha dejado el mundo terrenal.

–¿Crees que podría ser tu abuelo? –le pregunté.

–No lo creo. No he tenido esa sensación. Ahora mi abuelo y yo tenemos nuestros sistemas de comunicación –respondió riendo–. Se parecía más al episodio de los cristales rotos o a los golpes nocturnos en la puerta. Algo relacionado con las vidas pasadas. Me ha sucedido siempre que he venido a hacer una regresión. No puede ser una coincidencia.

–¿Echamos un vistazo? –le propuse en tono de broma, invitándola a acostarse sobre el diván. Y comenzamos la inducción del estado de relajación hipnótica.

–Creo que me encuentro en Japón –comenzó Diana.

–¿De qué lo deduces? –le pregunté.

–La casa. Tiene paredes de madera y ventanas de bambú. Sí, sí, estoy segura de que estoy en Japón –añadió como si le sorprendiera el hecho de que yo pudiera dudar de ello.

A veces, durante una regresión, el sujeto recibe la información de forma rápida y completa. No es necesario visualizar algo para saberlo. De hecho, en muchos casos la visualización produce el efecto opuesto, porque ralentiza el proceso y lo hace más agotador. Durante las sesiones, animo al sujeto a visualizar algo en detalle solo si es necesario disipar alguna duda. En la mayoría de los casos, dejo que la persona diga directamente lo que percibe, para no interferir de ninguna manera con la experiencia que está viviendo.

–Soy una niña. Tengo cuatro o cinco años –continuó Diana.

–¿Cómo estás vestida?

–Con un kimono negro con flores rojas. Llevo calcetines blancos y unas pequeñas sandalias con suela de madera.

–¿Y el cabello?

–Es negro con flequillo, recogido por detrás de la cabeza.

–¿Cómo te llamas?

–Matsu.

–¿Estás sola o hay alguien contigo?

–Están mi padre y mi madre. Están en cuclillas frente a una mesita baja. Comen.

–¿Qué comen?

–Arroz y pescado. Comen con palillos.

–¿Me puedes describir a tus padres?

–Mi padre es un hombre bastante viejo, menudo; tiene el pelo corto y negro y lleva un kimono negro.

–¿Puedes mirarlo a los ojos y decirme si reconoces su alma? ¿Si está presente en la existencia actual de Diana?

–¡Sí! Es mi tío. El hermano de mi padre. Él me protege y cuida de mí. ¡En esta vida y en la de Matsu! Qué hermoso, el amor que une nuestras almas sigue siendo fuerte, incluso después de todo este tiempo. No ha cambiado mucho entre nosotros desde entonces.

–¿Cuánto tiempo ha pasado? ¿Qué año es?

–Es 1742.

–¿Y cómo es la madre de Matsu?

–Es más joven que papá. Ella es de origen chino. Es muy hermosa y tiene el pelo negro cortado a tazón. Lleva un kimono azul claro con una banda blanca. Es dura conmigo, menos dulce que mi padre. Prefiero pasar el tiempo con él.

–¿El alma de la madre de Matsu está presente en tu existencia actual?

–No. No reconozco a nadie en ella.

–Ahora contaré hasta tres. Cuando llegue a tres, quiero que te traslades a otro momento de aquella vida.

Empecé a contar.

–Tengo diecisiete años. Llevo un kimono decorado con varios colores. Es muy elaborado, con diferentes capas y de buena calidad. No lo llevo todos los días.

–¿Dónde te encuentras?

–Estoy en la calle, frente a una casa de madera. Es bonita, con un tejado inclinado. Hay varias macetas frente a la entrada. Estoy llamando a la puerta.

–¿Es tu casa?

–No. Una señora viene a abrirme. Es muy hermosa. Lleva un kimono verde claro con un *obi* blanco. Tiene un aire muy sencillo, pero muestra un porte real.

–¿Quién es?

–Es una especie de institutriz.

Posteriormente me informé sobre ese tema y descubrí que las *maiko*, o aprendices de *geisha*, usan un kimono con telas mucho más decoradas que las *geishas* con más experiencia. Cuantos más conocimientos y habilidades se adquieren a lo largo de los años, más sencilla será la decoración de su kimono.

–¿Qué aprendes de ella?

–Me enseña escritura y música. Debo ser buena si quiero ganar dinero. Y tengo que mantenerme por mí misma.

–¿Por qué?

–Mi padre murió y mi madre, que en realidad era mi madrastra, ha regresado a China. Se ha desentendido de mí. No tengo hermanos varones, por lo tanto me he quedado sin nada.

–¿Por qué «por lo tanto»?

–Si tuviera un hermano varón, él habría heredado los bienes de mi padre y se habría visto obligado a cuidar de mí –respondió.

Me sorprendió la riqueza de detalles que Diana estaba dando sobre las costumbres y hábitos de esa cultura tan diferente de la nuestra. Y más tarde, la propia Diana me confirmó que nunca antes había sabido nada de estos temas.

–¿Entonces quieres dedicarte a la música?

–Me convertiré en una *geisha*.

La conduje a un momento posterior de esa existencia.

–Estoy asistiendo a una cena –comenzó a narrar–. Hay muchos invitados y yo estoy sentada en el lugar de honor. Llevo un lujoso kimono amarillo con decoración de color rosa y morado y un maravilloso arreglo en el cabello con flores frescas.

–¿Cuantos años tienes?

–Veinticuatro.

–¿Dónde te encuentras?

–Es mi casa, de mi esposo. Él está sentado junto a mí. Es un hombre pequeño y delgado. Tiene treinta y dos años. Viste un kimono negro y gris de muy buena factura. Su rostro es alargado, de rasgos marcados, pero su mirada es tierna y dulce. Lleva el largo cabello recogido. Era cliente mío. Yo tocaba música y lo atendía; posteriormente, tras algunas visitas, se encendió entre nosotros la chispa del amor. Me pidió que me casara con él. Me hace feliz, con el cuidado y el cariño que me demuestra. Son sentimientos absolutamente mutuos. Puedo decir que realmente me siento un solo ser junto con él.

–¿Tenéis hijos?

–Sí. Tenemos tres niños. Dos niños y una niña. Son adorables, la alegría de mi vida. Mi esposo me trata como si fuera una reina. Yo sigo cuidando de él y, como esposa, siento el deber de mostrar respeto a su autoridad. Me recompensa con una protección infinita, con amor y dedicación. Me parece como si lo conociera desde siempre. ¡Pero es precisamente así! –exclamó Diana de repente–. El alma del esposo de Matsu es la misma que estaba a mi lado en Estonia y en el lejano Oeste. ¡Es él otra vez! ¡Es mi alma gemela! –añadió con alegría. Le dejé unos momentos de pausa para que se entregase a aquella sensación de placer.

–Ahora contaré hasta tres. Cuando llegue hasta tres, quiero que te desplaces al momento de la muerte de Matsu –le dije.

–Llevo un pijama rojo. Estoy tendida en el suelo sobre mi *tatami*. De las paredes y ventanas cuelgan telas de color rojo. El viento del exterior entra por la ventana abierta, me acaricia el cuerpo y el rostro y me produce una sensación de alivio.

–¿Qué te sucede?

–Estoy enferma. Me siento muy débil, tengo fiebre alta y bastantes dolores.

–¿Qué enfermedad es?

–No estoy segura de qué tipo de enfermedad es, sé que es contagiosa, de eso no tengo duda.

–¿Cuantos años tienes?

–Cuarenta y cuatro.

–¿Hay alguien contigo?

–No se pueden acercar. Ya es un milagro que yo todavía esté aquí. Existe la obligación de denunciar a las personas que enferman; pero mi esposo es una persona influyente y se ha asegurado de que la noticia de mi enfermedad no se difunda.

–¿Estás sola, entonces?

–No. Mi esposo está en la otra habitación y me mira. No hay puertas, solo dos telas rojas que cuelgan del techo y separan mi habitación de las demás. Percibo su fuerte amor, me siento mimada y protegida. «Recuerda que seguirás brillando para siempre en mi corazón, porque eres la estrella más brillante del cielo», me dice con ternura desde lejos.

»Mi hijo también está con él. Mi primogénito ahora es un hombre joven. Es guapo y lleva un kimono negro con medias blancas. Lo miro con ternura, trato de comunicarle mi amor con los ojos. Sé que voy a morir, lo siento. Las fuerzas me abandonan, el dolor se vuelve insoportable.

–Me gustaría que experimentaras ahora la muerte de Matsu –le sugerí para evitar que sufriera demasiado, aunque fuera solo emocionalmente.

–Me siento ligera. El dolor se ha ido, me encuentro bien. Muy bien. No siento el peso del cuerpo, es una sensación maravillosa. Observo la escena desde arriba. Veo el frágil cuerpo de Matsu con el pijama de kimono rojo que cubre sus extremidades, los ojos cerrados. Era muy hermosa. Veo a mi esposo y a mi hijo llorar en silencio. Aunque mantienen una actitud de gran contención, el dolor por la separación física es devastador. Soy feliz donde me encuentro ahora, pero una parte de mí se siente mal por su sufrimiento. Desearía poder decirles que no estén tristes, porque mi alma siempre estará junto a ellos. Quisiera que supieran que ahora estoy serena y que compartieran mi estado de felicidad. Desearía incluso que celebraran mi muerte. En cambio están ahí, velándome con tristeza. Donde estoy ahora no existe el tiempo. Sus muchas horas de velatorio para mí son un instante. Me gustaría que se centraran en los momentos felices que pasamos juntos. Recuerdos que continuaré compartiendo con ellos también en otras vidas y que nos mantendrán unidos por la eternidad.

Hizo una larga pausa. Comprendí que no debía interferir. De hecho, ella continuó por sí sola. Esta vez su forma de hablar era casi interrogativa.

–Es como si todo sucediera al mismo tiempo, como si el tiempo no fuera una dimensión lineal sino espacial. Soy Diana, Matsu, Margaret y Shirley al mismo tiempo, pero también soy mucho más. Siento que llevo conmigo la esencia de Matsu y de todas las demás vidas, con su contribución de conocimiento y sabiduría. Aquí hay una gran luz blanca que me atrae como si yo fuera uno de sus rayos, como si nunca me hubiera separado de esa luz. Yo soy esa luz y esa luz es yo. Pero también es Matsu, Shirley, Juhan... Y tú también –añadió volviéndose hacia mí con los ojos cerrados y dejándome asombrado–. Todos somos parte de esa luz. Todos somos Uno. Es un gran Sol y cada uno de sus rayos representa una sola vida. Si tocamos una sola existencia como rayo, en ningún momento dejamos de ser parte de ella. Nunca nos separamos realmente. Cuanto más me acerco, más percibo las conexiones con esta maravillosa red luminosa. Me siento cada vez más grande, más serena y más poderosa, más viva. Percibo todo el Universo como si fuera parte de mi cuerpo y yo parte de él. Puedo llegar a cualquier parte y al instante. Me siento tan bien como nunca me he sentido.

El cuerpo de Diana estaba completamente inmóvil y me acerqué para comprobar que sus pulmones no dejaban de funcionar. La respiración se había vuelto tan profunda que casi no era perceptible. También los músculos de la cara estaban completamente relajados. De no haber sido por las lágrimas que caían por los lados de sus ojos, podría haber pensado que estaba realmente muerta. La dejé en ese estado de bienestar, sabiendo que en ese momento, gracias al profundo trance hipnótico, su percepción del tiempo estaba alterada. Sucede siempre que una sesión de cincuenta minutos pasa muy rápida para quienes regresan a un estado de conciencia.

–¡Ha sido verdaderamente increíble! –dijo Diana tan pronto como se incorporó–. Es una sensación que no había experimentado nunca. Incluso más profunda que la última vez.

–Es una cuestión de ejercicio –afirmé–. Cuanto más frecuentemente se entra en este estado, más profunda es la experiencia.

–¡Increíble! Ahora finalmente empiezo a entender algo. Creo que la persona que intenta comunicarse conmigo es el esposo de Matsu y también de Margaret, la amiga de Shirley: en resumen, mi alma gemela. Aunque no sé quién es y creo que todavía no me he encontrado con ella en esta vida.

–¿Qué te hace pensar eso? –pregunté.

–Demasiadas coincidencias. ¿El viento que sopla sobre el cuerpo enfermo de Matsu no le hace pensar en la brisa que me envolvió esta mañana antes de venir aquí? ¿Y el marido de Matsu que le decía que ella era la estrella más brillante del cielo no podría referirse a la estrella polar de Juhan y Jenny?

Hizo una larga pausa; evidentemente su cerebro necesitaba procesar y conciliar la racionalidad y las emociones.

–Tal vez es solo sugestión mía, puede que solo sufra alucinaciones. Pero estoy segura de que no me he inventado el soplo de viento, los vasos rotos y los golpes en la puerta.

Sin duda, las coincidencias eran muchas. Y yo también me sentía fascinado.

–Pero ¿por qué este «alguien» me envía estas señales si no está presente en mi vida actual? ¿Qué trata de decirme? No lo entiendo. ¿Por qué no está aquí a mi lado, mientras yo siempre estoy sola?

Era obvio que estaba hablando hacia su interior y que las preguntas se dirigían más a ella misma que a mí.

–Quizá precisamente porque no puede estar cerca de ti a un nivel físico, lo hace de otra manera. Porque de hecho nunca os habéis separado de verdad... Y trata de hacértelo saber.

Yo esperaba que ella sonriera, pero en lugar de ello Diana exclamó desconsolada:

–Entonces, ¿nunca lo veré? ¿Nunca conoceré a mi alma gemela? ¿En qué me he equivocado? Dígame, Alex, ¿en qué me he equivocado?

–Diana, razona. ¡Ya has tenido más de un contacto! Debemos entender que no existimos solo en el estado físico. Tú misma acabas de experimentarlo y me lo has confirmado hace unos minutos. Nuestro cuerpo, con todas sus implicaciones espirituales, está aquí en la Tierra en este momento, pero nuestra alma nunca abandona su dimensión ultraterrenal. Prueba a cerrar los ojos y evoca la sensación del soplo de aire de esta mañana, ¿no sientes su presencia junto a ti?

–Sí, es posible. Gracias –respondió Diana tras cerrar los ojos por unos segundos.

Aproveché la oportunidad para teorizar un poco.

–Es solo una cuestión sensorial. Si nos concentramos en los cinco sentidos terrenales, no podemos tener la percepción del todo. Los sentidos son un gran regalo porque nos permiten experimentar experiencias de una manera material. Piensa en cuánta satisfacción nos proporciona comer un helado, acariciar a alguien, escuchar un concierto, ver algo hermoso. Pero no podemos confinar nuestra experiencia, y por lo tanto nuestra existencia, solo a lo que podemos saborear, tocar, ver, escuchar u oler. ¡Sería extremadamente limitador! Y tú lo sabes bien, porque hace solo unos minutos te has desprendido de los cinco sentidos y has percibido mucho más.

–He sentido que yo abrazaba el Universo entero y que el Universo entero me abrazaba. ¡Nada que ver con el abrazo de un hombre! –rio.

Nos despedimos, acordando que ella me llamaría si se producían nuevos sucesos «singulares».

La experiencia de Diana seguía siendo un tema de profunda reflexión cuando Fernando acudió a mí.

Era un hombre robusto de cincuenta y siete años, de pelo blanco corto y bien cuidado. Llevaba una camisa de cuadros y unos vaqueros azul claro. Me llamó la atención el gran anillo de oro en su dedo anular, uno de esos que se usaban hace ya bastantes años.

Le ofrecí que se sentara donde prefiriese. Por lo general dejo que las personas decidan sentarse donde quieran, incluso en mi lado de la mesa si lo desean con tal de facilitar la interacción y eliminar cualquier barrera. Aquel día mi amabilidad parecía no tener efecto. Fernando estaba visiblemente avergonzado y rígido como un palo.

–Mire, yo no creo en vidas pasadas –dijo de repente–. Vengo porque su número me lo ha dado mi hija, que sí está «sugestionada» por estos temas.

Remarcó el término «sugestionada».

Me mantuve en silencio. No era momento para discusiones. Estaba ahí. Algo lo había traído. Eso era lo que importaba.

–Soy viudo. Mi esposa, Lola, falleció hace año y medio y mi vida se ha vuelto insoportablemente vacía sin ella –afirmó con la voz quebrada.

–Lo siento –le dije, tomando un pañuelo de papel de la caja de madera que había sobre la mesa y tendiéndoselo. Él se sonó la nariz ruidosamente y continuó hablando y desahogándose como un río que se desborda.

–A veces todavía siento su presencia. Siento que me toca el hombro izquierdo. No. No quería decir que me toca, más bien parece un soplo de aire que me roza ligeramente. Ella era más baja que yo y solía apoyar su mano en mi hombro. Puede que sea la desesperación lo que me hace imaginar algo así, no lo sé, pero la sensación es real. Llevábamos casados treinta y siete años. Ella tenía dieciséis y yo dieciocho cuando nos conocimos. Yo solo era un chico, pero sentía que ella era la mujer de mi vida. Seis meses después ya estábamos casados. Desde entonces fuimos inseparables. No pasamos ni una sola noche separados en treinta y siete años. Tenemos tres hijos que ahora son mayores y viven solos. Lola ha dejado un inmenso vacío. Hablo con ella todos los días y sigo preparando la mesa para ella también. Su ropa todavía está en el armario y veo los programas de televisión que le gustaban. La echo muchísimo de menos. Es como si una parte de mí hubiera muerto con ella. Soy católico y creo que el alma es eterna y que nos volveremos a encontrar, pero tengo un miedo terrible a morir. Me gustaría estar con ella, pero al mismo tiempo no quiero morir en absoluto, al contrario, la propia idea de la muerte me aterroriza. Me siento culpable porque sigo vivo y porque deseo que todavía pase mucho tiempo antes de reunirme con ella.

–¿Qué te parece si hablamos un poco sobre la muerte? –le propuse–. Obviamente yo no estoy muerto, o mejor dicho, probablemente lo he estado pero no tengo la certeza, a pesar de que trato diariamente con este tema.

–¡Sí! Dígame –respondió, sin dejar de tratarme de usted pese a mi intento por pasar a una comunicación menos formal.

–Conozco una parábola de Henri J. M. Howen adaptada por Wayne W. Dyer. Trataré de expresarla con mis propias palabras:

> En el vientre de una mujer embarazada había dos bebés. Uno de ellos le preguntó al otro:
>
> –¿Tú crees en la vida después del parto?
>
> El otro respondió:
>
> –¡Por supuesto! Debe de haber algo después del parto. Quizás estamos aquí solo para prepararnos para lo que seremos más adelante.

—Tonterías. No hay vida después del parto. ¿Cómo crees que sería esa vida entonces?

—No lo sé, pero seguramente habrá más luz que aquí. Tal vez caminemos con nuestras piernas y comamos con nuestra boca.

—¡Eso es absurdo! Caminar es imposible. ¿Y comer con la boca? ¡Ridículo! El cordón umbilical es nuestro único medio de vida. Te digo una cosa: la vida después del parto es absolutamente imposible. El cordón umbilical es demasiado corto.

—En cambio, yo creo que debe de haber algo, aunque puede que sea diferente de lo que estamos acostumbrados a tener aquí.

—Pero nadie ha regresado del parto. El parto es el final de la vida.

—Bueno, yo no sé cómo será exactamente la vida después del parto, pero seguro que mamá estará y ella cuidará de nosotros.

—¿Mamá? ¿Tú crees en mamá? ¿Y dónde se supone que está esa mamá? ¿Dónde crees que está ahora?

—¿Dónde? ¡Está alrededor nuestro! Vivimos gracias a ella. Sin ella, nada de este mundo existiría.

—¡Pues yo no lo creo! Nunca he visto a mamá, así que la lógica dice que no existe.

—De acuerdo, pero a veces, cuando estamos en silencio, ¿no logras sentir cómo acaricia nuestro mundo? ¿Sabes...? Yo creo que hay una vida real esperándonos y que ahora simplemente nos estamos preparando para esa vida.

–Bonita historia –exclamó el hombre, casi con la boca abierta.

–Es una metáfora maravillosa de la vida humana y la vida después de la muerte –añadí–. Algunos de nosotros se limitan a lo que ven, mientras que otros se proyectan más allá, escuchan a su propia intuición. Tenemos miedo a la muerte porque es algo que no conocemos, como le sucede a uno de los dos bebés.

–Visto desde este ángulo, el asunto asume una perspectiva diferente. Pero sigo teniendo miedo a morir.

–¿Estás seguro de que tienes tanto miedo a morir? ¿Sabías que ya te ha sucedido muchas otras veces? –le pregunté.

–¿A qué se refiere?

–En primer lugar, es como si muriéramos cada noche cuando vamos a dormir. En la fase de sueño muy profundo, es decir, cuando estamos inconscientes, no soñamos y la actividad vital se reduce al mínimo, se activan las ondas delta.

–Nunca he oído hablar de eso.

–Son las mismas ondas presentes durante el coma o en estado vegetativo, que es la condición vital más similar a la muerte. Actualmente es difícil diferenciar un estado de conciencia mínima de un estado vegetativo, incluso empleando la neuroimagen funcional, que es el mejor método para evaluarlo de manera fiable. Si se usa la tomografía por emisión de positrones (PET), se puede medir el consumo de glucosa y la actividad metabólica del cerebro. Los datos obtenidos con PET no permiten diferenciar entre un estado vegetativo y un estado de conciencia mínima, excepto en lo que respecta a la activación somatosensorial producida por los nervios periféricos. Por esta razón, se cree que las personas en estado vegetativo tienen una percepción diferente del dolor.

–Es cierto que cuando dormimos no estamos conscientes. Nunca lo había pensado. Pero esto no me ayuda; es más, ahora también me ha venido miedo a ir a dormir –dijo Fernando por fin en tono de broma.

–Y sin embargo, nos vamos a dormir todas las noches sin miedo: así hemos hecho y así haremos miles de veces. Incluso estamos felices de abandonarnos a ese estado de inconsciencia que nos permite descansar. ¿Sabes por qué?

–No.

–Porque creo que una parte muy profunda de nosotros permanece presente. Una especie de «conciencia bajo la conciencia» que sabe perfectamente que seguimos existiendo, aunque durmamos profundamente y no soñemos. Esa parte de nosotros es lo que más se acerca al concepto físico de alma que puedo imaginar. Incluso la ciencia confirma que algunos casos, diagnosticados como estados vegetativos de acuerdo con la definición clínica, están acompañados de un cierto nivel de conciencia.

–Es cierto. Ahora que lo pienso, es cierto. Aunque no estoy consciente, cuando duermo es como si siguiera sabiendo que estoy vivo. Es como si el tiempo no fluyera mientras estoy en ese estado.

–¡Pues claro! El tiempo no existe como variable física porque está estrechamente relacionado con la conciencia del observador. Te daré un ejemplo práctico: el cerebro humano absorbe imágenes como si fueran los fotogramas de una película. Supón que en condiciones normales adquiere treinta imágenes por segundo; cuando estamos en situaciones de peligro o de emergencia, el número se dobla a sesenta, lo que nos da la ilusión de que el tiempo se ralentiza. Lo hace para permitirnos encontrar una solución ya que, de esta manera, unos pocos segundos pueden parecer minutos o incluso horas. Además, que el tiempo es totalmente relativo es un descubrimiento ya viejo. Piensa en lo rápido que transcurre en situaciones agradables y cómo se ralentiza cuando nos aburrimos.

–Sí, pero morirse es otra cosa. Dormir no es exactamente lo mismo que morir. Yo sé que a la mañana siguiente me despertaré –señaló Fernando.

–Yo creo que nos despertamos incluso después de la muerte, simplemente lo hacemos en una dimensión diferente. Si el tiempo realmente no existe, para nuestra alma es lo mismo despertarse siete horas o setenta años después.

–Pero, perdone, si nos despertamos en esa hipotética nueva vida, ¿por qué no recordamos nada de la anterior?

–Es bueno que sea así. Nacemos muchas veces porque hay muchas lecciones que nuestras almas deciden venir a aprender en la Tierra. Por supuesto que son hipótesis. Pero las más de mil quinientas regresiones que he tenido el privilegio de conducir me incitan a creer que existe una especie de acuerdo con nuestros seres queridos de los que nos separamos antes de nacer. Elegimos conscientemente las pruebas que tendremos que superar durante esa vida terrenal en la que estamos a punto de sumergirnos. Probablemente las lecciones parezcan muy difíciles o dolorosas, precisamente porque nuestras almas no recuerdan haber elegido libremente vivir esa existencia. Y, por otro lado, ¿qué lecciones serían si no las viviéramos a fondo? El cuerpo sufre porque solo sufre nuestra parte humana; el alma no conoce el sufrimiento. Es similar a lo que sucede en el estado vegetativo del que hablábamos antes. Cada uno de nosotros tiene su propio camino y, para evolucionar, todos tenemos que tener experiencias diferentes. Tan solo experimentando todos los roles posibles nuestra alma crece, aprende a amar y a transformarse a su vez en amor. Y para tener nuevas experiencias terrenales debemos olvidar las vidas pasadas, aunque sea temporalmente, para que no influyan en las nuevas percepciones. Piensa en lo difícil y doloroso que sería abrirse a nuevas experiencias sabiendo, por ejemplo, que se ha sido un verdugo o un asesino. Y todos lo hemos sido o lo seremos al menos una vez. Es necesario un reinicio en blanco para poder afrontar las nuevas realidades.

»¡Pero cuidado! Nuestra memoria olvida, nuestra alma no. Y esto es lo que demuestran las regresiones a vidas pasadas que nos devuelven momentos y episodios muy significativos de otras existencias. Mientras experimentamos una vida terrenal, nuestra esencia «superior» no deja de existir. No «baja» a la tierra y no está limitada por los límites del cuerpo. No conoce los límites humanos del tiempo y del espacio. Por eso encontramos a nuestros seres queridos al final de cada existencia terrenal, incluso si ya se han reencarnado. En realidad, nunca nos separamos, salvo en un plano puramente físico. Podemos estar aquí abajo y al mismo tiempo allá arriba, si se me permite el eufemismo. Además, «arriba» y «abajo» son conceptos muy poco definibles.

Fernando me miró asombrado y al mismo tiempo parecía tranquilizado, como si hubiera encendido una lucecita en su interior. Su mirada era serena y eso me hizo feliz.

–¿Te gustaría hacer un ejercicio? –le propuse.

–¿De qué se trata?

–Un viaje sensorial a través del tiempo. Es una técnica que he puesto a punto yo mismo y que creo que puede ayudarte. Como si estuviéramos en una máquina del tiempo, tratamos de revivir un acontecimiento del pasado que involucre a un ser querido que nos ha dejado. La hipnosis es una técnica maravillosa que nos permite potenciar nuestra mente inconsciente y, de este modo, mejorar nuestras percepciones sensoriales. Será como «revivir» un recuerdo, o más bien «vivir en un recuerdo», pero de una manera sensorialmente mucho más profunda y real de lo que se puede lograr simplemente con la imaginación o con la memoria.

Puede parecer extravagante, pero es una experiencia real. A través de una de las técnicas más modernas de neuroimagen: la tomografía computarizada por emisión de fotón único (SPECT por sus siglas en inglés), se ha demostrado recientemente que durante el estado hipnótico se activan al mismo tiempo diferentes áreas cerebrales, no solo de la región parietal, donde reside la memoria episódica, y de la corteza frontal, que alberga la memoria semántica, sino que se activan sobre todo áreas de las regiones temporales y prefrontales, comunes a ambos tipos de memoria y probablemente responsables de la elaboración de los datos.

–Sería estupendo –dijo Fernando.

Lo invité a sentarse en el diván y utilicé la técnica que he desarrollado personalmente hasta el punto de que, mediante una inducción previa seguida de dos tipos diferentes de inducción hipnótica, mejora las percepciones sensoriales durante el trance. Como esperaba, puesto que tenía ante mí a un hombre que, además de ser una persona incrédula y racional, vivía un período de profundo sufrimiento emocional, tardó más de veinte minutos en alcanzar el estado profundo.

–¿Dónde te encuentras? –le pregunté.

–Estoy en mi ciudad. Paseo por una zona peatonal.

–¿Qué año es?

–Hace más o menos dos años.

–¿Cómo vas vestido?

–Llevo unos pantalones vaqueros oscuros y llevo en los pies un par de zapatos de cuero marrón claro con cordones.

–¿Y arriba?

–Un polo azul.

–¿Hace calor o frío? ¿Puedes describir la sensación que la tela del polo produce sobre tu cuerpo? –le pregunté mientras acompañaba su estado a una profundidad cada vez mayor y potenciaba al máximo sus percepciones sensoriales.

–Es una sensación agradable. El algodón es suave y ligero sobre la piel.

–Me gustaría que te concentraras en el olfato. ¿Percibes algún olor en particular?

–Sí. Huelo el intenso olor de las hojas de los árboles, el olor de la lluvia. Creo que hace poco que ha llovido, aunque el asfalto está seco.

–¿Nada más?

Olfateó el aire ruidosamente.

–Sí. Noto el olor a pan y dulces que procede de un horno cercano. ¡Qué extraño, paso por aquí todos los días y nunca he notado este aroma con tanta intensidad! –dijo mientras su rostro revelaba el placer que sentía.

–¿Estás solo?

–No. Camino cogido de la mano de Lola, mi mujer.

–Mírala, por favor.

Giró la cabeza hacia la izquierda, como si Lola estuviera ahí.

–Me sonríe. Sus ojos me sonríen. ¡Son sus pequeños ojos castaños, tan llenos de vida! –respondió en un suspiro. Tragó saliva varias veces, puede que para contener las lágrimas.

–¿Te habla? ¿Qué te dice?

–Quiere un dulce –dijo Fernando entre risas–. Es muy golosa.

En aquel momento, ella estaba de verdad junto a él. Proseguí.

–¿Cómo está vestida?

–Lleva un vestido sin mangas blanco y azul claro, muy ligero, que le marca sus caderas.

–¿Algún detalle del vestido?

–Creo que el estampado azul sobre fondo blanco se llama cachemira, pero no estoy seguro.

–¿Y su cabello?

–Es rubio miel y le cae suelto sobre los hombros.

–¿Quieres tocarlo?

Estiró el brazo en el aire.

–Sí. ¡Es hermoso y suave! –exclamó, incapaz de resistirse a la emoción. Lo dejé sollozar, limpié suavemente sus lágrimas con otro pañuelo de papel, tratando de no interrumpir su trance.

–¿Por qué no la abrazas?

–Noto el olor de su piel –dijo–. Le acaricio el rostro suave y liso. Siento la presión de sus brazos que me rodean la cintura, sus mejillas que se apoyan sobre las mías. ¡Qué bien se está!

–¿Quieres besarla?

–Siento sus labios dulces y aterciopelados. Su sabor.

–Quédate con ella un momento –sugerí. Y me quedé en el mayor de los silencios tras haberle hecho entender que podía utilizar los sentidos: ver, tocar, experimentar sonidos, sabores y olores.

Lamenté tener que interrumpir ese momento de pura felicidad. Pero había que continuar.

Ahí estaba, con ella en el sofá de casa viendo la televisión y, también en este caso, fue capaz de revivir aquel momento con su adorada esposa.

–¡Gracias! –exclamó nada más abrir los ojos–. Estoy sorprendido. No, sorprendido no es la palabra correcta. Estoy profundamente emocionado. Le aseguro que estaba justo ahí. Gracias. Vivir esta experiencia en este extraño estado de conciencia me ha dado más tiempo para estar con ella. ¡Estaba tan bien con ella! Cuando usted ha comenzado a devolverme al estado de conciencia, yo no quería volver en absoluto.

–He notado tu resistencia. Pero es necesario volver –le dije con alegría–. Al menos hasta que hayamos aprendido a movernos entre las distintas dimensiones por nuestra cuenta.

La persona que salió de mi estudio era un hombre distinto. Lo vi caminar erguido por la avenida y me pregunté cómo y a quién contaría esta extraordinaria experiencia. Puede que solo a su hija.

La psique crea día a día la realidad. El único nombre que se me ocurre para esta actividad es «fantasía».

Carl Gustav Jung

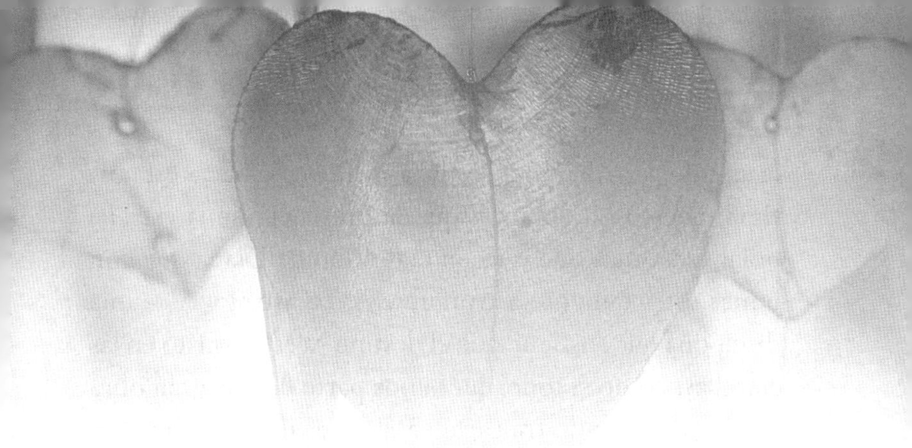

Polvo de estrellas

Habían pasado días, incluso semanas, y yo no lograba quitarme de la cabeza las coincidencias –¿podemos definirlas así?– que habían caracterizado las sesiones de regresión con Diana. En particular, no encontraba explicación en relación con la presencia de la estrella polar y cuál podría ser su papel en el asunto. Sin embargo, si la órbita lunar puede influir en las mareas terrestres, ¿por qué no creer que el movimiento de los planetas y las estrellas puede influir en el curso de la vida de una sola persona? Sin embargo, no se me ocurría a quién podía acudir para obtener una explicación del significado de estos hechos. Necesitaba un experto. Pero ¿se trataba de un asunto relacionado con la astronomía o con la astrología? Algo me llevaba a inclinarme hacia esta última, puesto que parecía que la presencia de la estrella polar tenía más que ver con el destino de Diana que con temas estrictamente astronómicos. La astrología es una disciplina que sostiene que el destino ya está escrito en las estrellas, como si todos fuéramos parte de una gran obra teatral, donde nuestra carta natal no es más que el guion que narra nuestra historia y que no podemos hacer otra cosa sino recitarlo. Una visión de la vida que de alguna manera comparto y que sitúa nuestra alma en el papel del actor, mientras que el ser humano es el personaje al que interpreta. Según la lectura que yo hago de esta visión, al final del espectáculo, el actor regresa a casa en su dimensión espiritual.

Solo conocía a una astróloga y fue precisamente el destino lo que volvió a cruzar nuestros caminos.

Volví a encontrarme con Carla cuarenta años después. La conocí en 1979; mejor dicho, ella me conoció a mí, dado que yo era un preadolescente imberbe. En cierto sentido, ella me había visto crecer. Joven, simpática, inteligente, culta, Carla era una colega de mi madre. Simpatizaron, se hicieron amigas y comenzaron a verse también fuera del trabajo. La veía a menudo con mis padres. Escucharla era un placer. Nunca superficial, me parecía una persona extravagante por aquella pasión suya hacia la astrología por la que, nada más graduarse, fue a París durante dos años para aprender de André Barbault, el famoso astrólogo francés.

Como ya he tenido ocasión de decir, yo dejé pronto la casa de mis padres y viví por todo el mundo, sin tener ocasión de volver a verla durante muchos años. Supe por mis padres de la enfermedad y la muerte de su amado esposo, pero nada más. Si bien ella no estuvo en la presentación en Roma de *Nunca es el final*, me sorprendió el correo electrónico que envió a mis padres con motivo del evento:

> ¿Cómo estáis? Yo bien.
> Lamenté no haber podido intervenir en la presentación del libro de Alex. Más allá de mis intereses astrológicos, soy una firme convencida de las regresiones a vidas pasadas, hasta el punto de que he participado en muchos seminarios del experto estadounidense más famoso en este campo. Lamentablemente, un asunto familiar me impidió asistir. ¿Existe la posibilidad de que Alex lo repita en algún otro lugar? Me gustaría mucho conversar con él, ya convertido en un hombre, aunque para nosotros los hijos siempre siguen siendo niños.
> Un abrazo.
> *Carla*

Nos encontramos. Nos reconocimos físicamente y, por primera vez, nos reconocimos como afines. ¡Claro! Su mundo, que me había parecido tan extraño de adolescente, hacía años que también me había capturado a mí. Se nos hizo muy tarde sin darnos cuenta. Era evidente que teníamos que volver a vernos. Ella insistió en que nuestro segundo encuentro se llevara a cabo en un lugar que llamó «mágico», en el campo al norte de Roma, donde viven una pareja de amigos suyos, Mauro y Antonio, a los que ella define como «evolucionados».

Efectivamente, el lugar es mágico. Mauro es un astrólogo experto, Antonio es una persona especial, dotada de una intuición y sensibilidad extraordinarias, y en nuestro contexto un lector experto de *I Ching*, el antiguo arte adivinatorio chino aprendido directamente en Oriente, donde vivió cuando era más joven. Para los no iniciados, no se trata de una disciplina de charlatanes, puesto que el *Libro de las mutaciones* (*I Ching*) fue meticulosamente estudiado por el famoso psiquiatra y psicólogo C. G. Jung. En suma, un público nada habitual que se involucró por completo en la regresión que voy a contar.

De inmediato quedó de manifiesto que Carla no era un sujeto cualquiera, sino una compañera, y Mauro y Antonio no eran meros espectadores, sino testigos activos. Respetando el principio ético más riguroso que preside toda actividad, pero de forma especial a las denominadas «esotéricas», no se estableció ningún acuerdo entre nosotros. Pero, como suele suceder cuando se encuentran dos disciplinas, los resultados fueron sorprendentes.

De acuerdo con la disposición de la sala, Carla y yo quedábamos a un lado, mientras que Mauro y Antonio estaban detrás de ella al fondo del amplio salón, con los ordenadores encendidos, un paquete de folios de papel y una serie de rotuladores de colores. Los miré, estaban lo suficientemente lejos como para no interferir. Nuestras miradas se cruzaron. Les indiqué que desde aquel momento tenían que guardar silencio. Un gesto de asentimiento por parte de Antonio me indicó que lo comprendían perfectamente.

Carla, al contrario de lo que me esperaba al conocer su carácter, entró inmediatamente en estado hipnótico. Su rostro adquirió una expresión relajada y su cuerpo se acomodó en el sofá mientras sus ojos comenzaban a moverse muy rápidamente bajo los párpados a medio cerrar.

Hice que visualizara que descendía con paso ligero una larga escalera que llevaba a un jardín. La escalera, como tal vez recuerden algunos de mis lectores, es un recurso que utilizo a menudo para ayudar al sujeto a focalizar una visualización a través de una imagen que posee el inconsciente de cada uno de nosotros. ¿Quién no posee en su interior el concepto de escalera? A partir de ahí y en función de la experiencia personal, puede tratarse de una escalera real o de una escalerilla de madera de gallinero, pero la idea de la escalera está presente en todos nosotros. Carla contó que estaba bajando por una escalera de travertino muy ancha que conducía a un jardín florido y bien cuidado. Describió con riqueza de detalles los colores y tipos de flores, haciendo gala de un conocimiento botánico que no creo que perteneciera a Carla, cuyas plantas es notorio que siempre acaban muriendo, sino a la persona que había vuelto a ser en aquel momento. Lo que sus palabras narraban era una imagen de una primavera ya avanzada.

–¿Cómo te llamas?

–Giovanna.

Lo dijo con seguridad, con un toque de orgullo en la voz, como si diera por sentado que todos debían saberlo. Era una especie de «¿qué pregunta es esa?».

–¿Dónde vives? –le pregunté.

–En Chiusi –respondió con el mismo tono de seguridad.

–¿Qué año es?

–No lo sé.

–Léelo –le sugerí.

–Es 1866. Veo la fecha como si estuviera escrita en una pantalla.

Siempre lo han dicho todos y yo mismo lo he experimentado: la fecha parece brillar intensamente en un letrero frente a los ojos de la mente. Y Carla, o más bien Giovanna, no fue una excepción.

Mientras tanto, Mauro había levantado una hoja de papel en la que decía: «Pregúntale la fecha de nacimiento».

–¿Cuantos años tienes?

–Dieciséis.

–¿Sabes cuándo naciste?

–Sí, nací el 3 de mayo de 1850 –dijo sin sombra de duda.

Mauro hacía amplios gestos para llamar mi atención. Luego, desanimado porque yo no miraba, levantó un cartel que decía: «Pregúntale la hora, pregúntale la hora».

Supe lo que pretendía hacer. Como buen astrólogo, quería dibujar el mapa del cielo de Giovanna.

–Ahora contaré hasta tres. Cuando llegue a tres, quiero que te traslades al momento del nacimiento, del nacimiento de Giovanna –especifiqué–. ¿Quién está en la habitación?

–Mi madre, la comadrona y la abuela que está poniendo orden. Hay algo de jaleo. Mi madre está agotada, la abuela le dice que lo ha hecho bien. La comadrona acaba de lavarme. Me dice que ha costado trabajo darme a luz. Acaricia la cabeza de mi hermosísima madre y le sonríe. «Muy bien. Los dolores han empezado a la hora del Ángelus», a continuación me levanta para poder verme y me mira sonriente desde abajo. «Esta ranita ha tardado once horas y treinta y cinco minutos en venir al mundo. ¡Pero mirad qué hermosa es! ¡Es perfecta!».

Escuché a Mauro murmurar entre dientes:

–¡Maldita sea! ¿Qué hora es once horas y treinta y cinco minutos después del Ángelus? ¿A qué hora se rezaba el Ángelus en 1850 en el Gran Ducado de Toscana?

Antonio trasteó en su ordenador y al poco mostró la pantalla a Mauro. Los vi absortos haciendo algo que no podía entender. En aquel momento no podía perder la concentración, pero más tarde me explicaron que existe un texto que ayuda a convertir las horas eclesiásticas en solares. Así que aquello era lo que los mantenía tan ocupados. Hicieron el cálculo para la conversión, pero yo no tenía tiempo para atenderlos. Sin embargo, dejo constancia de que en mayo de 1850 el Ángelus era a las 19:45 h.

La cara de Mauro se relajó. De su impresora láser salió el gráfico con la carta natal de Giovanna, su horóscopo. Mauro levantó un nuevo cartel: «¡Creo que se quedó huérfana de madre!», decía aquel comentario escrito en mayúsculas sobre la hoja de papel que sujetaba con ambas manos. No dije nada, me limité a fruncir el ceño. No quería que me desviaran de mi camino. Yo tenía una tarea que realizar y confieso que en aquel momento me sentí algo molesto por aquellas interferencias que me desconcentraban.

Volví a concentrarme en Carla.

–Quiero que volvamos ahora al jardín. ¿Dónde estás exactamente? –pregunté.

–Estoy cruzando la puerta. Ya casi estoy en la calle. Soy feliz. Es la primera vez que salgo desde que murió mi madre.

–¿Y dónde vas?

–Voy al bautizo de mi primito Francesco.

Respiró hondo, parecía querer aspirar con la nariz todo el aire que la rodeaba. Era evidente que vivía una especie de liberación.

–¡Qué bonito día!

–¿Estás sola?

–Sí. Mi padre no tiene ganas de asistir; todavía no ha salido del luto por la muerte de mi madre. Pero todo el mundo estará en la iglesia –añadió en lo que parecía una justificación.

Mi cerebro no pudo evitar recordarme el último cartel de Mauro. Era cierto: Giovanna era huérfana de madre. Carla no había podido leer el cartel, puesto que Mauro y Antonio estaban apartados y detrás de ella. No quería que me hicieran perder el hilo, pero aquella sesión se volvía cada vez más interesante.

–Así que todos estarán en la iglesia. ¿Quiénes son todos?

–¡Toda mi familia! ¡Somos muchos! –respondió en un tono extraño, como si mis preguntas le parecieran muy triviales.

–Además, la iglesia está cerca y la calle es tranquila porque más abajo está la aduana.

Lo dijo como si fuera la cosa más obvia de este mundo. Mientras ella hablaba, me pregunté qué costumbres podía haber en Chiusi. Pero pospuse la respuesta para otro momento.

–¿Cómo estás vestida?

Me llamó la atención la forma alegre y algo infantil en que describía su existencia como Giovanna, ya que estaba muy lejos de la compostura controlada de la dama de más de setenta años que estaba sentada en el sofá frente a mí.

–¡Oh, estoy muy hermosa! Llevo un ligero vestido de organza con volantes. ¡Me gusta sentirlo ondear en torno a mí!

No podría jurarlo, pero tuve la impresión de que acompañaba las palabras con un ligero contoneo de hombros.

–En la cabeza llevo un sombrerito con visera de paja y tejido, atado bajo la barbilla con dos cintas rosa. Los bucles de cabello me caen sobre los hombros –dijo volviendo a inspirar profundamente por la nariz, como queriendo llenarse de aire los pulmones. Sonreía. Su expresión revelaba una inocente felicidad.

No pude evitar ver otro cartel que Mauro levantaba y lo leí en voz alta:

–¿Cuándo murió tu madre?

–Hace tres años. Estaba enferma del corazón.

Mauro y Antonio dieron un respingo. Rápidamente escribieron otro cartel y me lo enseñaron: «¡Pregúntale si fue el 1 de abril y a qué hora!».

–¿Recuerdas qué día fue? ¿Y qué hora era?

–Fue el 1 de abril, acababa de empezar a anochecer, pero no sé la hora.

Mauro levantó el gráfico con la carta natal de Giovanna. La miré sin decir nada; mi única impresión fue que era más compleja que la anterior. Personalmente no entiendo de astrología, pero después aprendí lo que recojo a continuación: «El 1 de abril de 1863 a las 20:20 horas (de hoy), en el cielo de Giovanna, la Luna (la madre) se encontraba en aspecto desarmónico en Marte y Urano (los dos planetas agresivos por excelencia) y las casas implicadas eran la cuarta, la décima y la octava».

Era suficiente, incluso para expertos como ellos, para asombrarse. Las estrellas habían indicado con claridad el destino de la madre de Giovanna.

Y las sorpresas aún no habían terminado.

–¿Tienes hermanos o hermanas? –le pregunté.

–No –respondió. Luego su rostro se oscureció y de sus ojos brotaron algunas lágrimas–. Tenía un hermanito, pero lo maté.

Los tres nos miramos con expresión atónita.

–¿Qué quieres decir con que lo mataste? ¿Cómo?

–Sí. Lo maté yo. Mamá nunca me lo perdonó. ¡Lo maté, yo lo maté! –e irrumpió en un fuerte sollozo.

Me llevó un tiempo calmarla. Evidentemente, el episodio seguía muy vivo dentro de ella y todavía no había superado la conmoción.

–Hablemos de la muerte de tu hermano pequeño. ¿Qué hiciste para matarlo?

–Le contagié la enfermedad de las ampollas.

Siguió llorando mientras contaba. El ligero maquillaje que llevaba se deshizo en las lágrimas y se dibujaron dos regueros negros que producían un efecto Pierrot.

—Yo tenía ocho años y estaba enferma. Tenía esa enfermedad de los niños que produce tos y ampollas. Mamá me había separado porque no quería que se la contagiara a mi hermanito, que tenía dos años. Pero yo la desobedecí y, cuando ella no estaba, fui a su habitación y le di un besito. Pero él contrajo la enfermedad y está muerto. Mamá me lo repetía gritando todos los días. Creo que nunca me lo perdonó, porque desde aquel día no volvió a acariciarme ni me abrazó nunca más. —Hizo una breve pausa y después, con voz dolida, añadió—: Pero yo hice todo lo posible por hacerme perdonar. Nunca he vuelto a desobedecer. Lo juro. Nunca he vuelto a desobedecer. Pero ella nunca volvió a sonreírme.

—¿Qué día era?

Con gesto infantil, se había llevado ambas manos sobre los oídos y arrugaba la frente, como si no quisiera recordar o como si todavía escuchara los gritos de su madre.

—El cinco de febrero.

Me fijé en que Mauro y Antonio sonrieron complacidos. Pero ¿cómo era posible que la información recogida en su carta natal fuera tan explícita?

Carla estaba muy abatida. No quería que ella sufriera, de modo que decidí hacerla salir rápidamente de aquellos momentos y llevarla adelante en el tiempo.

Mientras tanto, Mauro seguía trasteando en el ordenador. A estas alturas yo también tenía curiosidad por leer lo que diría el próximo letrero. No tardó en llegar: «Pregúntale dónde se encuentra el 17 de mayo de 1868. En mi opinión está enamorada».

–Giovanna, ahora volveré a contar hasta tres y cuando llegue a tres iremos al 17 de mayo de 1868. Hace poco que cumpliste dieciocho años. Es por la tarde. ¿Dónde estás?

–Estoy en Siena. Estoy frente a la catedral. He venido con la tía Laura a comprar telas para el ajuar. –Se detuvo un momento y sonrió con aire pícaro–. Pero en realidad quiero encontrarme con Rodolfo. Nos conocimos hace unos meses y nos enamoramos de inmediato. Él es un oficial de la aduana que se encuentra cerca de mi casa.

Después de la sesión de aquel día tuve la oportunidad de comprobar si era cierto que en aquellos años había una aduana en Chiusi... ¡Naturalmente que la había!

–Nos veíamos siempre en la misa del domingo y finalmente un día hablamos. ¡Está muy guapo Rodolfo con su uniforme! –añadió en un suspiro.

–¿Puedes describir el uniforme? –le pregunté en un intento de verificar en otro momento los distintos detalles y determinar la fiabilidad de su testimonio.

–¿El uniforme?

–Sí.

–Es muy elegante. ¡Él es muy elegante! Lleva sobre la cabeza una gorra plana y circular de paño azul oscuro con una banda de cuero negro y una visera recta. El barboquejo es de cuero pintado y está fijado donde termina la visera mediante dos botones pequeños. Lleva una chaqueta cruzada, también de paño azul oscuro con dos filas de botones –dijo mientras hacía gestos como si los contara–. Hay nueve botones a cada lado, la chaqueta está ribeteada en la parte delantera. Detrás tiene otros dos botones que marcan el final de los faldones. Las mangas son tan largas que la bocamanga llega hasta la mitad del dorso de la mano.

Me fascinaban sus gestos. Las manos parecían tocar con delicadeza, como rozando cuanto iba describiendo. Yo no tenía ni idea de lo que podía ser una bocamanga, pero me abstuve de hacer preguntas para no interrumpir aquella descripción, absolutamente sorprendente e inusual, de un uniforme que me prometí a mí mismo que revisaría en otro momento.

–Los botones son de plata o metal: los de los bolsillos son más grandes que los de las mangas. Lleva charreteras doradas. Los pantalones son de paño de lana de color gris. Dos bandas dobles laterales rojas transcurren paralelas a lo largo de toda su longitud. Lleva unas botas brillantes. ¡Y el uniforme le queda muy bien!

Finalmente recuperó el aliento. La gran cantidad de detalles de la descripción del uniforme me dejó muy sorprendido. Si bien Carla era una mujer muy culta, me parecía imposible que pudiera conocer todos esos detalles. Además, la descripción del informe había sido tan lineal, de la cabeza a los pies sin interrupción, que no podía sino haber sido transmitida en directo.

–¡Le has hecho una fotografía! –exclamé–. Veo que te gusta mucho ese Rodolfo –añadí sonriendo.

–Oh, sí, lo amo. Aunque no siempre nos entendemos muy bien porque él es piamontés y nosotros somos toscanos –dijo entre risas–. Papá siempre dice: «esposa y caballo, búscalos al lado». Pero estoy segura de que Rodolfo le gustará.

–¿No lo conoce?

—No. Está demasiado afligido. Desde que murió mi madre sale poco y no ve a nadie. Don Gino, el párroco, y la tía Laura se lo dirán en el momento oportuno. No es fácil presentar un oficial piamontés a un padre.

¡Claro! No había pensado en ello. Estábamos en pleno Resurgimiento italiano, por lo que probablemente había algún problema de carácter político. Me vinieron a la mente los problemas de integración de nuestros días, pero inmediatamente aparté esos pensamientos. No había necesidad de llevar a Carla por un camino que no era pertinente en ese momento.

—Entonces, ¿estás en Siena frente a la catedral y estás esperando a Rodolfo?

—Sí, y estoy muy triste porque acabamos de decirnos que nos amamos y él ya debe partir. Su regimiento debe ir a un lugar que se llama Calabria, pero yo no sé dónde está esa ciudad.

Mis ojos se cruzaron con los de Mauro y Antonio, y a los tres nos hizo reír la idea de que quien estaba hablando, en la vida actual, era una mujer con tres licenciaturas, mientras que en el papel de Giovanna no tenía ni idea de geografía y creía que Calabria era una ciudad.

Su rostro, o más bien el rostro de Carla, se iluminó de repente.

—¡Ahí está! ¡Ahí está! ¡Qué guapo es! —exclamó extasiada. Su expresión merecía ser fotografiada y sin duda alguna era presa de una fuerte emoción.

Tengo que decir que en algunas ocasiones he tenido la tentación de tomar fotografías o hacer breves vídeos durante las regresiones para enseñárselos después a las personas que puedan sentir curiosidad por lo que ha sucedido. Pero hasta ahora nunca lo he hecho. El respeto a la privacidad de las personas que se someten a una regresión es un pilar fundamental para mí.

Pero volvamos a nosotros. Volvamos más bien a la catedral de Siena, donde habíamos dejado a Giovanna y Rodolfo.

–La tía Laura ha ido a comprar muselina para las sábanas y nosotros dos hemos entrado en la iglesia. Es el único lugar donde podemos hablar sin ser molestados.

Mi mente voló hacia los jóvenes de la actualidad, a su libertad que para algunos raya en la desvergüenza. Quién sabe quiénes fueron en sus vidas anteriores...

–Giovanna, quiero que mires detenidamente los ojos de Rodolfo. Míralo intensamente, llega hasta su alma. ¿Reconoces en esa alma la de alguien presente en tu vida actual? –No me dejó terminar la frase siquiera.

–¡Pero si es Gianmarco!

Apunto aquí que Gianmarco es su primer nieto y, según todos, su favorito. Tiene solo diez años, adora a su abuela y ella lo mima y lo consiente mucho más que a sus otros nietos.

Dejé pasar algunos minutos en silencio. Observé las expresiones cambiantes de su rostro. Casi lamenté tener que acelerar las cosas. Pero hay una especie de «protocolo» que se debe seguir. Había sido una sesión muy larga y no quería prolongarla más.

–Y ahora, Giovanna, volveré a contar del uno al tres e iremos al momento de tu muerte. ¿Cuántos años tienes? ¿Dónde estás?

–Tengo veintiún años. Estoy en mi cama. He contraído la viruela. La enfermedad llegó hasta aquí traída por unos comerciantes de Ferrara –dijo hablando con dificultad. Su boca estaba pastosa, como si estuviera reseca–. Tengo mucha sed.

Las palabras salían de su boca con dificultad. La sequedad era evidente. Le toqué ligeramente la frente con el dedo tres veces y la ayudé a superar ese estado de malestar. Su voz, aunque débil, se volvió más clara.

–Ahora. Estoy muriendo. Siento que mi alma sale de mi cabeza, como si fuera un velo de seda, pero sé que ese velo soy yo. Ahora estoy encima de mí. Me veo sobre la cama deshecha. No he sufrido. Estoy bien y estoy en dos sitios. O, mejor dicho, mi cuerpo inerte está en la cama y yo floto ligera. –Sus manos dibujaron algo en el aire, casi parecía que tocaba un piano.

Diligentemente, Mauro imprimió también el cielo del día de la muerte de Giovanna.

Llamaba la atención, para los iniciados, el paso de Neptuno (defensas inmunes) junto con el Sol en el nacimiento de Urano en conflicto con Marte, sobre el que ya había caído Urano en abierto conflicto con la Luna en la octava casa. En resumen, se crea o no se crea, era un cielo que hablaba de muerte.

Los tres nos quedamos muy impresionados. Yo por la astrología, Mauro y Antonio por la regresión que era confirmada por el horóscopo. Es una sinergia que tengo intención de investigar más a fondo. Quién sabe. Quizás una investigación asociada entre regresión y astrología podría llevarnos a saber algo más sobre la libertad y el libre albedrío.

Sin duda todavía hay mucho que entender.

Por el momento, Giovanna había terminado su viaje y Carla debía regresar ya. Procedí por lo tanto a devolverla a su «identidad» actual.

–Ahora contaré hasta diez. Cuando llegue a diez te despertarás y te encontrarás muy bien. Uno, dos, tres...

Carla abrió los ojos. Giovanna ya no estaba. Pero algo profundo había quedado en su experiencia. Miró a su alrededor por un momento. Sonrió. Se volvió, buscando con los ojos a Mauro y Antonio.

–Estabais aquí, ¿verdad? ¡Lo sabía! ¿Lo habéis visto todo? ¡Qué extraño! Yo era perfectamente consciente de dónde estaba y con quién. No dejaba de decirme a mí misma que podía levantarme de la silla y marcharme en cualquier momento si quería, pero al mismo tiempo no deseaba hacerlo. ¡Y luego Gianmarco en los ojos de aquel Rodolfo tan amado! Pero ¿al final me casé con él?

¡Claro! Yo no se lo pregunté y nunca lo sabremos. Aunque es posible, es difícil que una regresión posterior vuelva sobre una ya realizada. Paciencia. Lo que importaba es que sus almas, gemelas, habían vuelto a encontrarse en su vida actual, aunque en los diferentes papeles de abuela y nieto.

–Carla, tú bien sabes que la regresión no es un juego de salón. No se hace como un simple juego. No se toca el inconsciente en vano. Por lo general aprendemos una lección, comprendemos algo sobre nosotros que no nos quedaba claro. ¿Qué has aprendido de esta experiencia? –le pregunté, usando un tono que espero que no sonara pedante.

–Es posible que haya entendido por fin de dónde viene mi necesidad de respetar las normas de forma casi maniática. Vale que soy virgo, el signo más quisquilloso de todos; de acuerdo con el sentido del deber cívico y el respeto hacia los demás; todo eso está bien, pero sé que siempre he sido demasiado disciplinada y que, incluso cuando habría deseado transgredir, algo en mi interior me lo impedía: una especie de 'imperativo categórico' de naturaleza kantiana.

Nos echamos a reír a carcajadas. Carla era fiel a sí misma.

Antes o después, su amplia cultura tenía que salir a relucir.

–¡Ya está bien! Basta de burlaros de mí. No sabéis cuántas veces habría querido hacerlo, pero nunca me he permitido a mí misma la más mínima transgresión. Nunca he desobedecido porque dentro de mí se activaba de inmediato un sentimiento de culpa por el sufrimiento de los demás. Es como si tuviera en mi interior (¿o debería decir como si hubiera tenido?) un censor listo para detenerme. En resumen, soy una talibana de la obediencia. Todos se han burlado de mí: hermanos, compañeros de clase, esposos y amigos por mi rigor en ocasiones excesivo. Imagínate que un verano, en la fiesta de la Asunción, me quedé parada en un semáforo en rojo bajo el sol en una calle desierta durante casi diez minutos hasta que me di cuenta de que el semáforo estaba averiado. Y cuando por fin me decidí a cruzar, ¡lo hice con sentimiento de culpa! Pero a partir de ahora... –replicó entre risas.

Aún no sé si Carla se ha liberado de su estricta conducta, pero espero que sí de todo corazón.

Sin embargo, la estrella polar seguía siendo un misterio por resolver, aunque aquella sesión había vuelto a plantear una cuestión fundamental: ¿están ya establecidas las líneas generales que vinculan nuestras múltiples existencias pasadas, presentes y futuras? Quién sabe. Quizás el guion que nuestra alma recita ya esté escrito, pero el efecto depende de la habilidad del actor, como sucede en el teatro.

Yo considero el mundo como lo que es: un escenario en el que todos tienen que desempeñar su papel.

William Shakespeare

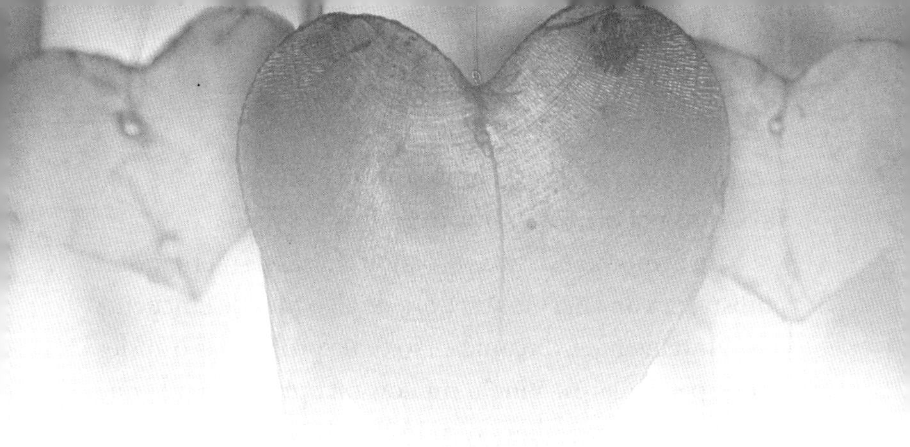

Déjà vu

¿Quién no ha tenido al menos una vez en la vida la sensación de haber vivido ya un momento presente, de conocer bien un lugar en el que nunca hemos estado antes y en el cual nos movemos como en casa, de haber recorrido un tramo de calle junto a un desconocido que nos suena familiar?

Este es el fenómeno definido como *déjà vu*.

Las experiencias de este tipo, todavía sin comprender del todo, se definen por la ciencia como paramnesias o anomalías de la memoria. A mí en cambio me parecen vías infinitesimales de vínculo entre una vida y otra. De ser así, los *déjà vu* confirmarían la existencia de un hilo conductor entre las vidas.

En refuerzo de esta hipótesis mía, aunque no es solo mía, quisiera presentar una experiencia singular.

En el momento de la regresión, Elisa, el sujeto protagonista, era una hermosa señora de algo más de cincuenta años, inteligente y dinámica. No tenía problemas o ansiedades particulares. Vino a mí con una pregunta a la que esperaba que yo pudiera responder.

–Un enero de hace más de veinte años –me contó–, mi marido tenía que ir por trabajo a París y, dado que yo nunca había estado allí y siempre había deseado visitar la ciudad de las luces, decidí acompañarlo, llevando con nosotros a nuestra hija, que entonces tenía ocho años.

»Tan pronto como llegué, me sentí como en casa. Tuve un fuerte e inmediato sentido de pertenencia. Todo me resultaba extrañamente familiar. Me desplazaba a cualquier lugar con desenvoltura, me orientaba a la perfección y, cosa increíble, encontraba muchísimos lugares muy viejos donde comer que ni siquiera muchos parisinos de pura cepa conocían. Me sentía serena y tenía la clara sensación de que París ya había sido mi ciudad. Todo se desarrollaba en perfecta armonía y con gran alegría en mi corazón. Allí también mi familia parecía feliz.

»En la tarde del tercer día estábamos volviendo al hotel desde la catedral de Notre Dame y, a pesar de que hacía bastante frío, estábamos alegres, envueltos en nuestros abrigos acolchados. Todo estaba tranquilo. Era una tarde normal de vida de turistas en la hermosa ciudad de la torre Eiffel. Nos detuvimos en un semáforo esperando a que se pusiera en verde. Yo sabía exactamente dónde estábamos y hacia dónde teníamos que ir. Me sentía tranquila, feliz, del brazo de mi esposo y con mi niña de la mano. Nada hacía presagiar lo que estaba a punto de suceder.

»Cuando estaba a punto de cruzar la calle, de repente sentí que el espacio a mi alrededor cambiaba de forma; lo veía diferente, lo sentía amortiguado.

»De repente me vi catapultada a un momento diferente, estaba en el pasado... Pero ¿cuándo, dónde? Podía oír las campanas de la catedral que sonaban en la distancia, podía escuchar claramente ruido de cascos de caballo y el sonido de los carruajes sobre los adoquines; a mi alrededor todo era un gran vocerío. Pero lo más extraño era una percepción diferente del tiempo, como si se hubiera detenido de repente. Tenía una sensación de lentitud, de calma, de serenidad; y de pronto tuve la precisa impresión de estar reviviendo un momento de mi pasado.

»No me pregunte cuánto tiempo duró todo aquello. No lo sé. Pero todo sucedió en el tiempo necesario para cruzar la calle. Tan pronto como puse el pie en la otra acera, sentí un ruido sordo en el corazón y volví de repente al presente.

»¿Qué hacía yo allí? No lo sabía. Pero sabía que iba a llegar a una estación de metro decorada en estilo Art Nouveau.

»Y allí estaba aquella estación. Estaba justo frente a nosotros, como en la experiencia que acababa de vivir. Me detuve de pronto. No solo conocía aquella estación, sino que había visto cómo la decoraban. Ya no tenía dudas: yo había vivido en París en otra vida. Hablé con mi esposo al respecto. Él es una persona especial. Sensible y confiado, nunca dudó de lo que le decía. Me abrazó con fuerza y, estrechándome contra él, me dijo que me creía.

»Yo estaba muy excitada. Lo que había sucedido poco antes me causaba una fuerte emoción que se transformaba en pura felicidad. Me resultaba cada vez más difícil manejar toda aquella excitación, aunque me esforzaba por parecer natural debido a la presencia de la niña. Mi cabeza iba a mil por hora y hubiera deseado estar sola para vagabundear por la ciudad en busca de referencias a un pasado evidentemente interiorizado pero nunca antes recordado.

»Al anochecer, entrando en el Louvre desde una puerta lateral, nos encontramos en un patio iluminado por tenues luces. Exploté en un gozoso llanto liberador: no tenía duda de que ya había estado allí. Recordaba hasta los detalles más mínimos, que alegremente enseñaba a mi familia.

La regresión comenzó a partir de allí: desde el París de final de siglo, alegre y alocado, vital y condenado, con aquella importante componente de arte y deseo de vivir. Elisa me describió grandes sombreros con plumas que adornaban las cabezas de las mujeres de clase alta y me explicó que solo la que llevaba sombrero era considerada una dama. Cabellos voluminosos y recogidos sobre la cabeza en un amplio y blando moño *chignon* del que no escapaba ni un mechón. Me llevó consigo en las noches locas del mundo de la bohemia, hechas de música y humo, y vasos de absenta con láudano que aturdían los sentidos, para los más audaces. Pero también de ambientes ambiguos con mujeres alegres y gran sufrimiento.

–Esos son los demás –dije yo para conducirla a su vida–, pero ¿quién eres, qué haces?

–Mi nombre es Odette, nací en Rennes, pero me mudé a París para estudiar danza clásica. Tengo veintidós años y dejé de bailar cuando conocí a Claude. Él es un artista fascinante y exigente. Vivo con él y lo sigo a todas partes, incluso de noche, cuando estamos hasta la madrugada en el café Guerbois. Allí hay muchas chicas libres y disponibles, y no quiero que ninguna me lo quite. La noche es joven y los artistas la pasan fumando y bebiendo.

–Míralo profundamente a los ojos. ¿Reconoces su alma? ¿Me puede decir si está presente en tu existencia actual?

–¡Es mi marido! –respondió feliz y emocionada.

–¿Puedes describirme vuestra relación de ahora y de entonces? ¿Qué ha cambiado?

–Es mi alma gemela. En la vida de ahora nos llevamos perfectamente. Él me entiende y me apoya cuando lo necesito. Y yo hago lo mismo con él. A diferencia de Claude, él es mucho más que un amante. Ahora él es mi esposo y para mí también es un amigo y un compañero de aventuras. Siento que nuestras almas crecen juntas, vida tras vida, y aprenden a amarse cada vez más. Soy muy feliz de haberlo encontrado.

–Volvamos a Claude. Háblame de él.

–Es pintor. Está esperando ver sus cuadros expuestos en el Salón y esto lo pone muy nervioso.

–¿Qué es el Salón?

–Es prácticamente el único lugar en Francia que puede llevar la fortuna a pintores y escultores, que solamente pueden esperar darse a conocer en el Palacio de la Industria.

–¿Tú también fumas y bebes absenta? –le pregunté para ayudarla a hablar algo más sobre sí misma.

–Sí, hago todo lo que él me pide. También hago otras cosas por él.

–¿De qué tipo?

–De todo tipo. Incluso seduje a un miembro de la comisión que elige a los artistas de la exposición...

Se detuvo por un momento como para borrar un recuerdo desagradable o quizá un juicio que le pesaba; luego añadió:

–Tenemos hambre y muchas deudas que pagar –casi como para justificar algo que, evidentemente, no andaba bien.

–Odette, pasemos ahora al final de tu vida. ¿Dónde estás? ¿Cuántos años tienes?

–Tengo cuarenta y cuatro años. Estoy en la calle. Estoy enferma. Estoy acurrucada en la acera y no puedo levantarme. Apenas puedo respirar. ¡Auxilio, no puedo respirar!

De su boca salió un grito ahogado, sofocado por un espasmo y un ataque de tos violenta que sacudió su pecho. Confieso que por un momento me sentí desconcertado. No me esperaba una situación de emergencia. Traté de calmarla.

–Dime, ¿qué ves? –le pregunté cuando recuperó la tranquilidad.

–Veo una escena muy triste. Mi cuerpo está abandonado como un trapo entre la indiferencia de los transeúntes, solo mi gato está a mi lado.

–¿Y Claude?

–No está conmigo.

–¿Seguís juntos?

–Sí, pero no soy su esposa. Sigo siendo su amante.

–¿Eso te disgusta?

–No. Sé que tenía que ser así. No me arrepiento de mis elecciones. He vivido con él una vida aventurera llena de emociones que nunca podría haber vivido si hubiéramos estado casados.

–En la vida actual de Elisa lo estáis –comenté.

–En efecto. Estoy muy feliz porque sé que lo volveré a ver y ahora él es mi esposo.

–Ahora quisiera que experimentaras la muerte de Odette. ¿Qué sientes?

–Floto ligera en el aire y me alejo alegremente de ese cuerpo que ya no me pertenece.

–¿Qué crees que has aprendido de esa vida?

–Seguridad en mí misma. Hoy, como Elisa, soy una mujer fuerte y emprendedora. Y se lo debo a las experiencias que adquirí durante la vida de Odette.

Traje a Elisa de vuelta al presente. Era feliz. El hecho de haber vuelto a lugares y situaciones que conservaba en su interior sin haberlos visto nunca antes primero la excitaba, pero sobre todo le confirmaba que la experiencia de la regresión espontánea que tuvo en las cercanías del Louvre se correspondía con la memoria de algo vivido realmente.

Quienes se dedican a estas cuestiones saben que no siempre es necesario recurrir a la regresión para evocar recuerdos de existencias pasadas. Estas vidas también pueden manifestarse en nuestro inconsciente y en nuestra conciencia a través de otras experiencias cotidianas.

¿Son tal vez los sueños o los *déjà vu* portales ocultos de una conexión en el espacio-tiempo que nos permite movernos de una vida a otra? Quién sabe. Quizá.

En este sentido, el encuentro con Carla y la astrología también me ayudó a abrir nuevas perspectivas en mi trabajo de investigación espiritual. Si la astrología puede anticipar las situaciones que presiden los sucesos, ¿significa eso que existe un guion, una trama que nuestra alma interpreta al descender a la tierra? Y, si es así, ¿en qué queda nuestra posibilidad de elegir, nuestro libre albedrío?

La eterna pregunta que filósofos y teólogos siempre se han planteado.

Me viene ahora a la mente el conocido experimento realizado en 1983 por Benjamin Libet, investigador en la Universidad de California en San Francisco, además de pionero en las investigaciones sobre la conciencia. Si bien Libet nunca quiso extraer conclusiones, su experimento ha sido interpretado por muchos como una prueba de la no existencia del libre albedrío. El experimento fue realizado empleando la EEG, la electroencefalografía, una técnica que mide la actividad neuroeléctrica del cerebro mediante electrodos de superficie, y la EMG, la electromiografía, una técnica que permite medir la actividad eléctrica asociada a la contracción muscular. En concreto, la medición se produjo a través de potenciales relacionados con una actividad sensorial (ERP), motora o cognitiva. En palabras sencillas, una actividad cerebral medible, que se produce directamente como resultado de un pensamiento o una percepción. Uno de estos índices es el potencial premotor (BP o *Bereitschaftspotential*, 'potencial de disposición' en alemán), que mide cuándo nuestro cerebro se prepara para actuar.

Durante el experimento de Libet, el sujeto experimental se sentaba frente a un reloj con una manecilla en movimiento y disponía de un botón de respuesta. El experimentador le pedía que pulsara el botón de respuesta cuando quisiera; luego le indicaba la posición donde se encontraba la manecilla del reloj en el momento exacto en que había decidido pulsar el botón. Los resultados del ERP mostraron que el sujeto decidía conscientemente presionar unos 200 milisegundos antes de la ejecución del movimiento, pero que el BP comenzaba más de medio segundo antes de que el sujeto fuera «consciente» de actuar. Es decir, el cerebro se activaba antes de que el sujeto tomara la decisión de actuar. Por lo tanto, los resultados parecen mostrar que el cerebro se prepara para la acción antes de que el sujeto sea consciente de haber decidido realizar un movimiento. De este modo, el verdadero motor de nuestras acciones no sería nuestra voluntad, sino una actividad cerebral inconsciente.

Y surge la pregunta: si no decidimos nuestro destino, ¿cuál es el significado de la vida?

¿Puede nuestra alma aprender las distintas lecciones si no somos responsables de nuestras acciones?

Obviamente, yo no tengo la respuesta. Pero, recurriendo a una metáfora, trato de dar mi interpretación acerca de si el libre albedrío existe o no.

Imaginemos que la vida es como nadar en un gran río. La corriente fluye inexorablemente en una sola dirección, por lo que, tarde o temprano, aunque tratemos de nadar contra la corriente, todos llegamos a la desembocadura. Esto no nos impide dar algunas brazadas en una determinada dirección para evitar un obstáculo, reducir nuestra velocidad para admirar un paisaje, regresar para recuperar algo.

El destino, representado por la corriente del río que nos acompaña hasta la desembocadura, no marca con precisión nuestra posición en todo momento. Nuestra existencia depende de una conjunción de causas, entre las que se encuentran tanto la voluntad humana como el destino. ¿Cuál es el peso de cada una de estas fuerzas para nosotros, los humanos? Por desgracia, hasta la fecha no se conoce.

A lo largo de nuestras vidas nos esforzamos por controlar cada aspecto y nos quejamos si las cosas no salen como deseamos, sin darnos cuenta de que el sufrimiento a menudo se debe solo a la decepción respecto de nuestras expectativas.

Por otro lado, también es cierto que si supiéramos exactamente lo que nos sucederá y en qué momento, es decir, si supiéramos en detalle el guion de nuestra existencia, la vida acabaría siendo un aburrimiento mortal. Perderíamos el deseo de vivir. Conocer el futuro puede suponer una peligrosa espada de doble filo: por un lado, tranquilizadora y, por el otro, extremadamente angustiante. Conocedores de esto último, los astrólogos profesionales están comprometidos en mantener una conducta ética rigurosa en este sentido.

El pesimismo cósmico nos dice que en la vida lo único seguro es la muerte. Es posible que no comencemos a vivir plenamente el presente hasta que finalmente descubramos que la muerte no existe. Porque entenderemos que nuestra alma decide cuándo nacer, cómo vivir, cuándo morir y cuándo regresar. Entenderemos que este no es una *toccata e fuga* en la que toda oportunidad no aprovechada se pierde, y que nuestra propia felicidad está vinculada a la de los demás, porque los demás son parte de nosotros y nunca seremos completamente felices hasta que el último ser sobre la tierra también lo sea.

Alicia: «¿Cuánto tiempo es para siempre?».

Conejo blanco: «A veces, solo un segundo».

Lewis Carroll

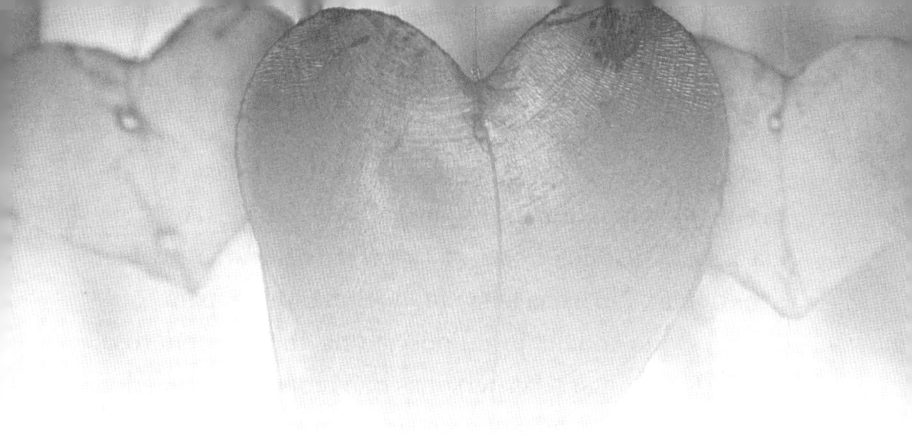

Mensajes celestiales

—No puedo ver mis pies... No los veo... ¡No los veo! –exclamó Ágata, abriendo repentinamente los ojos y estallando en una sonora carcajada.

No lograba entender lo que le podía haber sucedido. ¿Qué había salido mal? La inducción se había realizado como de costumbre y ella, a pesar de tratarse de un sujeto racional, había alcanzado un estado hipnótico suficientemente profundo.

Había conocido a Ágata, una joven de apenas veinte años, bastante alta y delgada, de tez blanca y cabello castaño largo, durante uno de mis seminarios. Me había hablado de sí misma, de sus inquietudes, sus intereses, y decidimos hacer una regresión que la ayudase a comprender algunas dinámicas que caracterizaban su existencia actual. Me dijo que su intención era dedicarse a ayudar a los demás. No hacía falta ningún don especial para comprender que aquella joven poseía una energía poderosa, capaz de iluminar a las personas que tenía a su alrededor, cuando abrió sus ojos gris azulado en una expresión que todavía hoy puedo definir de «angelical».

Sin embargo, en aquel momento hubiera preferido, con diferencia, que no hubiese abierto los ojos.

Una vez que dejó de reír, le pregunté si quería volver a intentarlo. Respondió que sí, por lo que le pedí que volviera a cerrar los párpados.

–Diez... nueve... ocho... –comencé a contar lentamente hasta uno.

Ágata había vuelto a caer en trance en cuestión de segundos. Bajo sus párpados, sus ojos se movían aún más rápido de lo habitual. Sin embargo, noté que había comenzado a sacudir la cabeza de un lado a otro. Parecía muy preocupada por algo.

–¿Qué sucede? ¿Por qué estás preocupada? –le pregunté.

–No estoy preocupada –respondió.

–¿Estás ansiosa por alguna razón en particular? –volví a preguntar, viendo que su físico expresaba a las claras un estado de fuerte agitación.

–No tengo ansiedad. Estoy alerta.

–¿Por qué razón?

–Por ninguna. Es mi estado natural.

No lograba entender nada. El cuerpo, los movimientos de la cara y las expresiones de la joven denotaban un estado de inquietud, pero al hablar se mostraba absolutamente tranquila.

–Mira hacia abajo, por favor. ¿Cómo son tus pies? –volví a preguntar.

–No los veo.

–¿No puedes verlos porque está oscuro o hay niebla? –pregunté.

Durante el proceso de inducción, a veces pido a la gente que visualice una neblina ligera. Es una técnica que puede ayudar en el momento de la transición de una existencia a otra. Quizás esa fuera la razón por la que Ágata tenía dificultades para percibir sus pies.

–Veo gris...

–¿Usas calzado gris? ¿Es de hombre o de mujer?

–No son zapatos. No tengo pies.

–¿Entonces qué son?

–Son garras –respondió Ágata, dejándome literalmente sin palabras.

–Mira más hacia arriba, por favor, ¿cómo es el resto de tu cuerpo? –le pregunté tras algunos segundos.

–No soy un ser humano. Soy un halcón.

A través de la experiencia, había aprendido que las existencias en forma de animal no son en absoluto imposibles. Aunque las evidencias a las que he tenido la oportunidad de asistir no siempre concuerdan con la visión clásica de la reencarnación, según la cual la vida en forma de animal precede a la de ser humano. En lo que a mí respecta, creo que podemos haber sido animales en una vida anterior, pero que también podremos serlo de nuevo en otra vida futura. Las regresiones atestiguan que el ser humano no está necesariamente más evolucionado que un animal. Por ejemplo, podemos vivir existencias en forma de animal en las que nuestro propósito es la mera supervivencia y otras en las que decidimos regresar en el papel de un animal con una tarea mucho más importante, como dar compañía o ayudar a un humano en dificultades.

Ángeles terrenales.

Pero también celestiales. De hecho, nuestros animales domésticos con frecuencia aparecen en las regresiones como espíritus guía en el momento de nuestra muerte, para acompañarnos en la transición y darnos la bienvenida con alegría, tal como hacen de noche cuando regresamos a casa.

Ángeles con patas.

–¿Qué ves junto a ti? ¿Dónde te encuentras? –pregunté entonces a Ágata.

–Una brizna de hierba. Es muy hermosa. Me acaricia suavemente el pico y puedo sentir el viento que la mece –respondió. Las lágrimas comenzaron a caer a los lados de su rostro, como si aquella brizna de hierba la emocionara.

–¿Te encuentras en un prado, entonces?

–No. Estoy volando.

–¿Cómo es posible entonces que la brizna de hierba te acaricie?

–Está cerca, pero al mismo tiempo está allá abajo, muy lejos. Me acaricia a través del viento.

Aparentemente, lo que la joven decía no parecía tener ningún sentido, pero lo cierto es que describía sus percepciones con precisión. Algunas aves de rapiña ven muy bien incluso a gran distancia porque tienen en la parte central del ojo un área donde los fotorreceptores, que están muy concentrados, tienen las mismas funciones que un teleobjetivo capaz de ampliar hasta el más mínimo detalle de lo que ve. La función de aumento es posible gracias a esta área especial de la retina, la fóvea. Esto hace que la imagen percibida por sus ojos se amplíe dos veces y media. Esto es, en pocas palabras, lo que Ágata acababa de describir. Por no mencionar la sensación de la brizna de hierba que le acariciaba el pico. Es sabido que las aves tienen una «relación privilegiada» con los desplazamientos de aire. Sobre ellos se basa su propia capacidad de desplazamiento. Lo mismo se aplica a la sensación de alerta que sentía, manifestada a través de los bruscos movimientos del rostro a uno y otro lado. El estado de alerta es absolutamente natural para un ave rapaz y el movimiento de su cabeza es efectivamente rítmico y rápido. Todo aquello confirmaba la hipótesis de que la joven realmente estaba experimentando una existencia animal.

–¿Cómo te sientes?

–Feliz... y libre –respondió emocionada.

–¿Puede esta sensación ayudarte a entender algo sobre tu vida actual?

–Sí. Ahora entiendo por qué siempre siento la necesidad de controlar lo que sucede. Me viene de esta vida como halcón. Aquí tenerlo todo bajo control es cuestión de supervivencia.

Antes de traerla de vuelta a su vida humana, la dejé volar serena durante unos minutos, para que pudiera experimentar con plenitud esa sensación de gran libertad. Le recordé que se trajera consigo el lado despreocupado del vuelo y que dejara en la existencia del halcón cualquier sensación de alerta y control excesivos.

Aunque Ágata había señalado que no estaba dotada con ningún don de naturaleza extrasensorial, algo me hacía creer que no le costaría ningún esfuerzo desarrollarlo si decidiera intentarlo. Como ya se ha mencionado, creo que se trata de una habilidad innata que todos poseemos en cierta medida y que podemos aprender a usar. También he descubierto que las personas muy jóvenes que se acercan a temas de carácter espiritual por lo general manifiestan un nivel de conexión muy elevado entre el Ser superior y la conciencia terrenal. Puede que se trate efectivamente de «niños índigo», es decir, esa generación que según la cultura *New Age* está dotada de rasgos y capacidades especiales y extrasensoriales que contribuyen a la evolución de la humanidad. Sin olvidar el hecho de que las personas que fueron animales en una vida anterior, como suele suceder también con quienes han sido indígenas americanos, también se encuentran en mayor sintonía con su lado espiritual. Es bien sabido que, en la cultura de los amerindios, los animales desempeñaban un papel muy importante, tanto a nivel terrenal como celestial. Y Ágata reunía todas estas características. Yo tenía la sensación de que la vida reservaba un futuro brillante para la joven. Los ángeles son también aquellas personas que aparecen en un momento dado y te iluminan el camino.

Ángeles con garras.

También en un seminario tuve la ocasión de conocer a Valentina. Era una mujer casada de treinta y nueve años, madre de dos hijos, algo corpulenta, de grandes ojos color avellana y cabello corto del mismo color. A diferencia de lo que suele ser habitual, no tuvo dificultad en confesar que estaba dotada de percepciones extrasensoriales fuera de lo común.

–A menudo recibo señales de mi hija –me confió tras intercambiar los saludos de rigor.

–¿A qué te refieres? –le pregunté.

–Perdí a una hija hace aproximadamente un año y medio.

–¿Cuántos años tenía?

–Todavía no había nacido. La perdí en la decimonovena semana.

–¿Qué tipo de señales recibes?

–Se comunica conmigo a través de las plumas.

–¿Qué plumas?

–Cuando quiere recordarme su presencia, hace aparecer una pequeña pluma.

–Pero ¿cómo puedes estar segura de que no es una coincidencia? –le pregunté con timidez por miedo a herir su sensibilidad. La parte más escéptica y racional de mi cerebro siempre está en marcha, aunque yo mismo he presenciado situaciones mucho más extrañas.

–Siempre aparecen en el momento exacto en que pienso en ella. Plumas blancas, grises o amarillas. Y a menudo en lugares cerrados, donde es prácticamente imposible que entre un pájaro.

Yo ya había tenido ocasión de descubrir que lo que Valentina contaba les había sucedido a otras personas.

–La sigo sintiendo cerca. Pero desde que me dejó, nunca he tenido un contacto más profundo con ella, excepto por las plumas. Por eso he decidido hacer una regresión. Me gustaría saber algo más sobre ella, sobre su alma –continuó Valentina; sus ojos parecían, cada vez más, pequeñas balsas llenas de lágrimas.

La conduje a través de una existencia en la que se vio a sí misma como John, un hombre que vivía en Gales en la década de 1820. Un campesino propietario de una parcela de terreno, casado y padre de cuatro hijos. No reconoció en ninguno de sus familiares a la pequeña a la que había perdido en su vida actual. La sorpresa llegó cuando pasamos al momento de la muerte de John.

–¿Dónde te encuentras?

–En el campo frente a la casa.

–¿Cuantos años tienes?

–Cuarenta y cuatro.

–¿Hay alguien a tu lado?

–No. Estoy solo. Mi mujer está en la casa.

–¿Qué sucede?

–Me he cortado la pierna derecha. Está desgarrada y estoy perdiendo mucha sangre. Grité para pedir ayuda, pero estoy lejos y no me oyen –dijo mientras fruncía el ceño en expresión de dolor.

–¿Cómo te has cortado?

–Creo que ha sido con uno de los aperos que utilizo para cultivar.

–No deseo que sufras, así que ahora contaré hasta tres y cuando diga tres quiero que mueras.

Conté.

–He salido del cuerpo. Veo a John y su pierna cortada. Hay mucha sangre pero ya no siento dolor. Me siento ligera y muy tranquila. Solo lamento haber dejado a mi familia; ya no podré cuidar de ellos. ¿Cómo sobrevivirán mi esposa y mis hijos? –se preguntó preocupada. Noté que inmediatamente después de su muerte había vuelto a hablar en forma femenina, confirmando así que había abandonado la existencia del granjero.

–Quiero que dejes definitivamente la vida de John y, con él, todas las preocupaciones, los dolores y los problemas de su vida –le dije.

–Estoy subiendo, cada vez más alto... cada vez más. Es como si ahora estuviera más allá de la atmósfera; el cielo está oscuro y hay muchísimas estrellas.

–¿Sientes algo a tu alrededor?

–Una fuerte luz blanca. Creo que se está acercando una estrella, pero no estoy segura –dijo tras unos segundos de pausa.

Como si ella hubiera mirado a su alrededor.

–¿Te molesta la luz?

–No. Todo lo contrario. Un suave calor me acaricia y me envuelve por completo. Un abrazo de luz.

–¿La conoces? –pregunté, sabiendo que muchas veces nuestros seres queridos toman formas muy diferentes para venir a nuestro encuentro en el momento del paso.

–Claro. Ella es mi bebé –respondió en tono tranquilo pero seguro. Como si fuera la cosa más obvia de este mundo.

–¿Quiere comunicarte algo?

–Dice que nunca me ha dejado. Aquí arriba estamos unidas y lo estaremos para siempre.

–¿Puedes preguntarle por qué no nació?

–Ya hemos vivido varias existencias juntas y hemos desempeñado papeles diferentes. Ella incluso ha sido mi madre más de una vez. Y yo la suya. En la vida actual se ha manifestado como testigo de este amor. Me ha regalado de nuevo un contacto físico muy breve pero intenso con ella. Ha regresado sobre todo para recordarme que poseo un don. Por eso me envía las plumas, para hacerme entender que soy capaz de comunicar y que estos dos mundos están siempre conectados. Nunca nos hemos dejado de verdad. Me recuerda que tengo un papel importante en la Tierra, que tengo que ayudar a otras personas a comprender que hay mucho más que el plano físico.

Antes de traerla de vuelta al presente, la dejé disfrutar de aquel contacto y de aquel abrazo. Me sentía feliz porque la vi marcharse mucho más serena. Por fin había recibido una explicación que puede que aliviara su sufrimiento, y una luz que nunca la abandonaría.

Ángeles nunca nacidos.

No sé si era realmente un ángel. Lo que sé es que los ángeles existen y cada vez tengo más experiencia. Es un tema amplio y probablemente requeriría un libro aparte. Por lo tanto me limitaré a contar algunos episodios breves de los que he sido testigo.

La palabra «ángel» proviene del griego ἄγγελος, que significa 'mensajero'. Debo decir que tengo por costumbre considerar esta palabra en sentido amplio, referido a cualquiera que lleve consigo un mensaje de luz, por lo que no se limita a la descripción de un ser puramente espiritual. He tenido ocasión de descubrir que existen diferentes tipos de mensajeros celestiales y que pueden tener alas, pero también piernas o incluso patas, o ninguna de estas. Como demuestra la experiencia de Valentina, no creo que estos seres de luz tengan una apariencia única y definitiva. Creo que pueden asumir diferentes formas, tanto terrenales como celestiales, y que podemos percibirlos en otros tantos modos.

A veces pueden esconderse en nuestra vida cotidiana, como en el caso de Carmen, una mujer de cuarenta y dos años a la que conozco personalmente y que no vive lejos de la pequeña ciudad en la que yo vivo. Fundó una asociación sin fines de lucro y se ha dedicado a la recogida y el cuidado de animales abandonados. Una pasión y una misión de vida que, gracias al cielo, comparte con muchas otras personas. A menudo la encuentro durante mis caminatas de meditación, acompañado a mi vez por mi pequeño ángel cuadrúpedo personal. Siempre es un placer escucharla hablar sobre cómo ha encontrado la cura para un perro que padece una enfermedad extraña o cómo ha logrado salvar la vida de otro animal. Sea cual sea la situación o el problema, ella siempre tiene una gran sonrisa que le ilumina el rostro. Pero la auténtica peculiaridad de Carmen es que se dedica solo a animales viejos o, en todo caso, enfermos terminales. Los acoge en su propia casa (solo tiene ocho «plazas»), donde reciben todo el cuidado y el amor que otros seres humanos les han negado. Sus sufrimientos se alivian con abrazos y comida casera, mantas y camas acogedoras, cómodas y calientes durante el invierno. Una pequeña recompensa para estos ángeles de cuatro patas que han dedicado sus vidas a los humanos.

Ángeles ocultos.

Creo que yo también me he encontrado al menos una vez con un ángel, aunque lo más correcto sería decir que él me encontró a mí. Sucedió hace unos diez años, extrañamente apenas unas semanas antes de que diera un cambio de rumbo a mi vida y decidiera dedicarme a las regresiones. Hasta el día de hoy, no puedo decir si fue o no una coincidencia.

En aquella época yo no tenía coche y realizaba mis desplazamientos cortos en una *scooter* de potencia media. Una tarde, mientras yo cruzaba con el semáforo en verde una gran arteria de la ciudad, un señor anciano que conducía un automóvil pasó a toda velocidad con el semáforo en rojo y me golpeó de pleno. El impacto me lanzó por el aire a unos dos metros de altura. Cuando caí de espaldas, sin posibilidad alguna de amortiguar el golpe con los brazos, y miraba el cielo azul que tenía sobre mí, surcado por unas pocas nubes blancas, mi amígdala ralentizó el tiempo y me permitió elaborar el siguiente pensamiento de advertencia: «De esta no te escapas. Estás cayendo de espaldas y de la silla de ruedas no te libra nadie».

Sin embargo, alguien decidió eliminar de mi futuro aquella posibilidad. Unos veinte centímetros antes de tocar el suelo, noté con claridad que algo detenía de pronto mi caída. Como si se tratara de una gran mano, ese algo detuvo el golpe. Mi espalda y el casco golpearon ligeramente el asfalto, como si simplemente me hubiera apoyado sobre él.

Vi una multitud de personas mirándome desde arriba, enmarcando el cielo, y a alguien que llamaba a una ambulancia, que no tardó en llegar. Después de unas horas en la sala de emergencias y varias pruebas de diagnóstico por imagen, me enviaron tranquilamente a casa con la receta de algunos analgésicos que ni siquiera tuve necesidad de tomar.

Ángeles centauros.

Estas criaturas de luz también pueden estar más cerca de lo que pensamos y pueden manifestarse en momentos muy significativos. Este es el caso de Miguel, o más bien de su madre. La anciana sufría de la enfermedad de Alzheimer. Para quienes no la conozcan, se trata de una enfermedad crónica degenerativa caracterizada por un deterioro neuronal lento y progresivo que compromete las capacidades cognitivas y funcionales del cerebro, en especial la memoria. Desde hacía más de tres años, la mujer ya no reconoció a ninguno de los miembros de su familia y, dado que se trata de una enfermedad irreversible, ya no había esperanza de que pudiera volver a reconocerlos.

Un día, Miguel recibió una llamada mientras estaba en el trabajo. Se trataba del médico que trataba a su madre, ingresada en un hospital de su ciudad natal, a varios cientos de kilómetros de distancia. Le dijo que su madre no estaba bien y que tal vez no pasaría la noche. Miguel tomó el primer avión y corrió junto al lecho de su madre. Para su inmenso asombro, cuando entró en la habitación del hospital la encontró balbuceando, hablando sola. Se acercó a ella y se dio cuenta de que su madre tenía una mirada que hacía mucho tiempo que no veía en ella: penetrante, lúcida y desbordante de amor.

–Hola, cariño –había dicho a su hijo–. Estoy muy feliz de que estés aquí.

Sus últimas palabras, pronunciadas señalando un punto en el aire en la habitación vacía, fueron:

–¡Mira cuánta gente ha venido! Están también papá, la abuela y el tío. ¡Qué bonito! Hoy es mi fiesta.

Ángeles del retorno.

Personalmente conozco médicos y enfermeras que dicen haber presenciado numerosas experiencias como la que acabo de describir.

Me gustaría enfatizar un aspecto relativo a la enfermedad de Alzheimer, una patología bastante común en nuestra época y con la que he tenido ocasión de encontrarme en diferentes ocasiones durante las sesiones de regresión. Evidentemente, no en sesiones practicadas directamente sobre sujetos afectados por la enfermedad, sino encontrándola durante el recuerdo de vidas anteriores. Siempre me ha surgido la pregunta sobre cuál podría ser la razón de la existencia para una persona que padece esta enfermedad en un estado avanzado. Si la Tierra es una escuela, ¿qué puede aprender nuestra alma en ausencia de las facultades cognitivas básicas?

La conclusión a la que he llegado, al menos en lo que respecta a las regresiones, es que a menudo el alma de estas personas deja de sufrir cuando se presenta la enfermedad. Entra en un estado que yo llamaría «de espera», en el que la existencia terrenal adquiere menos significado y se centra más en su esencia divina. Como si se distanciase y gestionara las cosas desde la distancia. El sufrimiento nunca es el propósito de ninguna vida. Pero a veces es necesario interpretar papeles que no son muy agradables a fin de que, tanto nosotros como las personas que nos rodean, tengamos la oportunidad de aprender el verdadero significado del amor. Y los miembros de la familia de estos pacientes a menudo tienen la oportunidad de extender sus alas y demostrar su naturaleza angelical.

Ángeles de reflejo.

Pero todos podemos ser ángeles. Incluso en la vida cotidiana. En este sentido, me gustaría contar un episodio en el que yo estuve involucrado en primera persona.

Un hermoso día de verano de hace unos años, yo estaba en el gimnasio de playa que hay justo frente a mi casa. Mientras hacía ejercicio, vi a unos pocos metros a un chico que cavaba en la arena. No lograba entender qué estaba haciendo: no construía un castillo ni ninguna otra cosa, simplemente cavaba. Y lo hacía en una superficie de muchos metros cuadrados de arena. Terminé mis ejercicios y fui a darme un baño. Lo estuve mirando desde el agua. Era un chico rubio, joven y atractivo que cavaba sin parar. Cuando salí del mar, decidí secarme al sol durante algunos minutos y después volví junto a la bicicleta que había dejado en la carretera. Él seguía allí. En cuanto desaté la bicicleta, lo vi acercarse. Venía a decirme que había perdido las llaves de su casa en la arena. ¿Por qué se dirigía directamente a mí, que estaba lejos, cuando había otras muchas personas en la playa que estaban más cerca que yo? Me dijo que vivía solo y que no podía volver a casa. Llevaba solo su traje de baño, sin camisa y sin tan solo unas zapatillas. Le sugerí que avisara a la Policía local, puesto que probablemente tendrían un detector de metales. Le ofrecí mi teléfono móvil por si deseaba llamar a alguien, pero me respondió que no y se marchó sin pedirme nada más. Mientras veía cómo se alejaba, de pronto escuché la voz de la intuición que me decía: «Ve a ayudarlo, te necesita». Decidí volver a atar la bicicleta y me uní a él para ayudarlo a excavar. Me bastó inclinarme un momento en aquella amplia extensión de arena y hundir los dedos en la arena para encontrar las llaves en un momento. El joven me sonrió entre incapaz de creerlo y feliz. Le expliqué que había tenido una premonición y me respondió con estas palabras: «Dos almas son mejor que una». Me dijo que se llamaba Leo, me dio las gracias de nuevo y se fue. No he tenido ocasión de volver a ver a Leo, pero soy yo quien le sigue estando agradecido por haberme recordado que estaba en el camino correcto. Ángeles recíprocos.

La siguiente historia trata de una señora de sesenta y cuatro años llamada Olivia. Había viajado sola por primera vez y había tomado un avión para visitarme desde otro país. Es una mujer todavía atractiva, de constitución normal y no demasiado alta. Aquel día cuando entró por la puerta llevaba pantalones largos de color verde, una camiseta blanca de manga corta y un pequeño bolso rojo en bandolera. Su cabello, teñido de un color rubio miel, le llegaba más o menos a la altura de los hombros. Parecía sin aliento, jadeaba y hacía grandes movimientos con la cabeza. Pensé que todo aquello se debía a la emoción por la inminente sesión.

–¿Qué tal? –le pregunté.

–Bien, gracias. Estoy muy feliz de estar aquí.

–Pareces preocupada.

–Me han robado o he perdido la cartera en el metro. Pero no importa, sigamos adelante, no me gustaría perder el tiempo de la sesión con esto. Vengo de muy lejos.

–¿Estás segura de que no es importante? Te veo bastante agitada.

–Es que en la cartera también llevaba el documento de identidad. No sé si esta noche me dejarán subir al avión para volver a casa.

–¿Lo has denunciado a la Policía? –pregunté preocupado.

–Todavía no, iré después cuando hayamos terminado.

–No, no –le sugerí–. Ve ahora a hacer la denuncia. A lo mejor con la denuncia te dejan volar. Yo te espero aquí y hacemos la regresión cuando vuelvas.

Después de todo, Olivia había viajado miles de kilómetros para venir a mí y sin dudarlo eso era lo mínimo que yo podía hacer por ella.

–Es más, ¿sabes lo que te digo? Como ya es casi la hora de comer, te acompaño. Así podemos comer algo juntos, si te apetece –añadí pensando que era la primera vez en su vida que viajaba sola y se encontraba en una ciudad grande y desconocida.

Mientras caminábamos apresuradamente por las calles bajo el sol, nos cruzamos con un joven repartidor. Parecía inexperto y me preguntó por una estación de metro que se encontraba a algunas manzanas de distancia. ¿Había sido una intervención celestial? Apenas se marchó, mi intuición me hizo notar de repente que también nosotros debíamos dirigirnos hacia esa estación, aunque no lograba entender por qué razón. Probablemente no era nada relacionado con Olivia y nunca encontraríamos su cartera, dado que aquella estación no se encuentra en la misma línea que ella había tomado para llegar a mi estudio. Pero mi intuición volvió a la carga y algo en mi cabeza no dejaba de repetirme que teníamos que dirigirnos hacia aquella zona. Decidí llamar a la oficina de aquella estación, en lugar de ir hasta allí, dado que se encontraba algo lejos de donde estábamos y eso nos habría hecho perder todavía más tiempo. Después de algunos intentos, finalmente respondió un hombre que me dijo con una voz que no dejaba lugar a ningún tipo de esperanza que no había encontrado nada. Era bastante comprensible, dado que se trataba de una gran ciudad donde todos los días se cometían cientos de robos de ese tipo.

Llegamos frente a las oficinas de la Policía. Olivia entró sola y yo me quedé fuera esperándola sentado en un banco. Unos segundos más tarde sonó mi teléfono móvil. Inmediatamente reconocí la voz del responsable de la oficina de transporte público. Yo no le había dejado mi número, pero probablemente el sistema electrónico lo había guardado en la memoria.

–Buenos días, llamo desde la estación de metro. Usted ha llamado antes, ¿verdad?

–Sí. Era por esa cartera perdida o robada.

–Por razones de seguridad, ¿puede repetir el nombre y apellidos de la propietaria?

–Olivia...

–Sí, es la suya. La hemos encontrado hace unos minutos. Puede pasar a recogerla.

Tras darle las gracias, me apresuré a entrar en la comisaría en busca de Olivia y la acompañé a recoger su cartera en aquella estación de una línea de metro que la mujer nunca había tomado.

Ángeles policía.

Aquella noche, mientras conducía a casa por la autopista, tuve la oportunidad de reflexionar sobre lo que había sucedido. En la absurda circunstancia que nos había llevado a cruzarnos con el joven repartidor y en mi intuición, que me había llevado casi a rastras por el camino adecuado. No podía ser una coincidencia, pensé. Inesperadamente, se encendió una de las luces del salpicadero del coche que advertía de una falla en el motor. Me detuve para leer el manual de instrucciones y descubrí que era una falla del sistema ABS y que tenía que ir a un taller de reparación lo antes posible. Desconsolado, miré al cielo y recé al ángel que nos había ayudado a encontrar la cartera: «Por favor, si esto es una señal para confirmar a mi mente racional que lo que ha sucedido hoy con la cartera es en realidad obra tuya, no hace falta que me averíes el coche porque lo creo». No hace falta que diga que, cuando volví a encender el coche, la luz estaba apagada.

Ángeles electromagnéticos.

Personalmente, creo que hay muchos mensajeros celestiales aquí en la Tierra. No nos damos cuenta de que lo extraordinario está justo a nuestro alrededor. La mirada y la sonrisa feliz de algunas personas que sobreviven a un accidente o a una enfermedad a menudo constituyen un maravilloso testimonio del hecho de que la vida es un gran regalo. Si nos concentramos y observamos la realidad con los ojos del amor y con las infalibles antenas de la intuición, el don innato que todos poseemos, nos damos cuenta de que los ángeles están en todas partes. En un niño que sufre una enfermedad grave o que es víctima de violencia o de intimidación. Pero también en un adulto que desafía la guerra y la enfermedad para ayudar a otras personas. O en una persona sin techo. A veces incluso en un padre o madre cuyas horas de duro trabajo no bastan siquiera para alimentar a su familia.

Todos podemos ser ángeles, en la Tierra o en el Cielo. Si aprendemos a reconocer la luz que compartimos y que nos conecta unos con otros. Y que nos convierte en una única cosa.

Lo que cuenta son las acciones. Nuestros pensamientos, por buenos que sean, son perlas falsas hasta que se transforman en acciones. Tú tienes que ser el cambio que quieres ver en el mundo.

Mahatma Gandhi

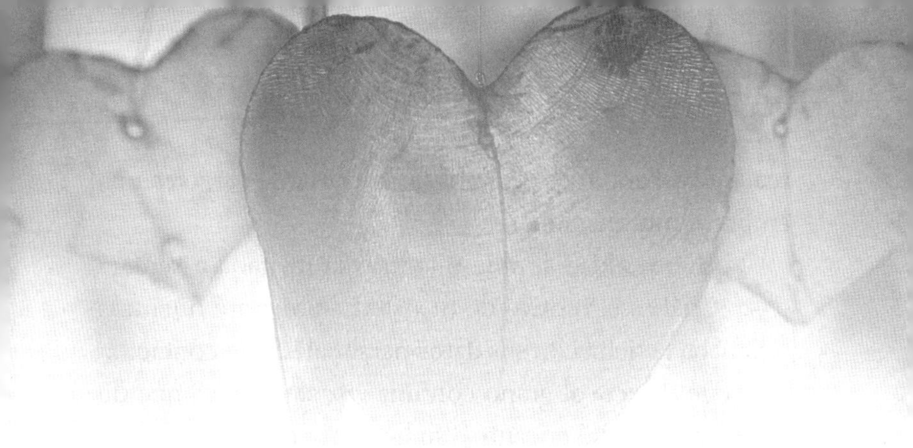

Make love, not war

En todos estos años he sido testigo de muchos fenómenos singulares, pero creo que hasta la fecha una de las mayores sorpresas provino de una mujer que se había presentado como una de las personas más racionales del mundo.

Inés tenía poco más de cuarenta años; nos conocimos en una fría y lluviosa tarde de invierno. Llegó empapada por la lluvia, pero el mal tiempo no parecía haber socavado su buen humor, que expresaba con una sonrisa radiante. Era una mujer muy atractiva, de cabello rubio de longitud media, profundos ojos castaños y una constitución delgada y ágil. Parecía recién salida de una reunión de negocios, con su traje pantalón color azul noche. Y en realidad así era. Inés ocupaba un importante cargo en una empresa multinacional.

–Bienvenida –le dije mientras la invitaba a sentarse–. ¿Cuál es el motivo de tu visita? –pregunté mientras rellenaba la ficha con sus datos personales y de contacto.

Fue directa al grano con una voz algo ronca que de inmediato añadió encanto a su hermosa imagen.

–Porque no soy feliz. Mi trabajo me da mucha satisfacción, pero mi vida amorosa es un desastre.

–¿Nada menos que «un desastre»?

–Sí. No doy una. Estoy divorciada de un hombre con el que me casé muy joven y tengo dos hijos. Era autoritario, incluso violento, y siempre me trataba mal porque él tenía envidia de mi éxito en el trabajo y del hecho de que yo, a pesar de las obligaciones familiares, me las arreglaba para estudiar y hacer carrera. Pero dejarlo fue la decisión correcta.

–Entonces, ¿qué es lo que no va bien?

–Ahora estoy saliendo con otro hombre. Se llama Simón. Estoy muy enamorada de él. Fue un encuentro especial. Todo iba viento en popa y de verdad llegué a pensar que él era mi alma gemela. Entonces sucedió algo y nuestra relación cambió. Pasamos largos períodos sin vernos. Me siento muy sola. A última hora de la tarde, cuando regreso de la oficina, la casa está vacía. Mis hijos ya se han independizado. Cuando no estoy trabajando, me parece que mi vida no tiene sentido.

–¿Por qué ahora no os veis?

–Tengo un nuevo puesto; tuve que aceptarlo y me mudé a otra ciudad. Él realiza una actividad más autónoma, por lo que no tiene la obligación de fichar, pero no quiso seguirme.

–¿Habéis hablado de esto?

–Poco. Él no ha querido. Y esto me ha hecho temer si habré tomado la decisión equivocada. Cada día que pasa me lo pregunto. Los adultos hablan, aclaran las cosas: nosotros no lo hemos hecho. Sin embargo, hay algo realmente profundo entre Simón y yo, un vínculo invisible que nos hace inseparables. Desde el día en que me fui y comenzamos a vernos ocasionalmente, tengo la impresión de que ya no vivo. Trabajo, trabajo bien, pero no siento satisfacción y siento como si viera mi vida pasar desde fuera. Siento mi corazón en un puño y dolorido, como si estuviera envuelto en una jaula de metal. Y la película de mi vida, que pasa en blanco y negro.

Estaba acostumbrado a escuchar historias como aquella. La experiencia me decía que las almas gemelas existen y que el amor infinito que las une no puede romperse ni por la separación física o emocional, ni por no compartir todas las existencias.

–Puede ser que este vínculo entre vosotros realmente exista –señalé.

–Yo también estoy convencida. Pero ¿cómo puedo estar segura?

Su mente lógica quería respuestas certeras. Me di cuenta de que estaba frente a un hueso duro. Hice un par de pruebas sencillas para determinar si podíamos proceder, a pesar de su inclinación extremadamente racional. El resultado confirmó que era posible la inducción de un estado hipnótico, aunque no demasiado profundo.

Me costó mucho esfuerzo: Inés no dejaba de reír, moverse, rascarse; es decir, hacía de todo con tal de no perder el control. Por fin se relajó.

–¿Dónde te encuentras?

–No lo sé.

«Comenzamos bien», pensé.

–¿Es de día o de noche?

–De día.

–¿Hace frío o calor?

–Hace fresco, pero se está bien. Llevo una bufanda blanca.

Aquella respuesta me animó. El hecho de que la mujer me describiera espontáneamente una prenda de vestir indicaba que había entrado en otra existencia.

–¿Puedes describirme el lugar donde estás?

–En un gran campo abierto. Hace viento, mucho viento.

–¿Qué año es?

–Es 1943.

–¿En qué país, en qué parte del mundo estás?

–En Rumanía. –Dudó un poco.

–No pareces convencida.

–Sé que soy rumana, pero no estoy segura de si estoy en mi país en este momento.

–¿Eres una mujer?

–Sí.

–¿Cómo te llamas?

–Elena... creo. Me llaman así, pero no estoy segura de que ese sea mi verdadero nombre.

–¿Cómo estás vestida?

–Llevo una chaqueta oscura de cuero sobre unos pantalones oscuros. Llevo una gran bufanda blanca y un sombrero en la cabeza; no, creo que es un casco.

–Mira mejor. ¿Qué es?

–Es un gorro de piloto de avión; lleva encima unas extrañas gafas redondas, sujetas por una banda elástica.

–¿Eres piloto?

–Sí.

Parecía convencida. Su voz sonaba clara y sus palabras estaban perfectamente articuladas, como sucede durante cualquier conversación en un estado de vigilia.

¿Una mujer piloto de avión? ¿En 1943 en Rumania?

Me costaba creer lo que oía y, debido al tono de voz de Inés, pensé que tal vez todo fuera fruto de su fantasía. En mi cabeza, la imagen mental de una mujer en Rumanía en 1943 era la de una campesina rubicunda con un pañuelo en la cabeza. Ciertamente no era la de una mujer piloto.

–¿Ves aviones?

–Sí. Hay uno justo delante de mí. Estoy a punto de subir a él.

–¿Lo puedes describir?

–Es un avión grande de color verde militar. Es un avión de combate.

Vale. Se lo está inventando todo, pensé. Me parecía inverosímil que en la Rumanía de aquellos años hubiera una mujer piloto que incluso participara en acciones de combate...

–¿Hay otras personas cerca de ti?

–Sí. Está el hombre al que amo; él también es aviador. Es más alto que yo, tiene el pelo negro peinado hacia atrás con gomina. Es muy guapo. Nos estamos despidiendo antes de la misión y nos damos un fuerte abrazo. Nos besamos apasionadamente. Presiento que nunca nos volveremos a ver.

–¿Puedes mirarlo profundamente a los ojos? ¿Reconoces su alma?

–Sí. Es Simón. El hombre al que amo en esta vida. Es mi alma gemela de verdad. Ahora lo entiendo...

–¿Qué entiendes?

–La dinámica de nuestra relación actual. Continuamente nos dejamos y volvemos a encontrarnos. Es como si él tuviera miedo de perderme y esto no le permitiera involucrarse por completo en nuestra relación. Sin embargo, a pesar de todo, siempre volvemos a estar juntos, como si estuviéramos conectados por algo inexpugnable. Ahora tengo claro por qué: me perdió en aquella vida y por eso tiene miedo de volver a perderme.

–¿Por qué no os volveréis a ver?

–No lo sé. No estoy segura. Va a suceder algo terrible. Quizá voy a morir.

Conté hasta tres, luego le pedí que visualizara el momento de su muerte.

–No veo nada –fueron sus últimas palabras pronunciadas durante la regresión.

Pese a los numerosos esfuerzos, no logré hacer que visualizara el momento final de aquella existencia.

No sucede a menudo, pero puede darse que el sujeto se niegue a experimentar la experiencia de la muerte. Puede deberse a un instinto de protección del cerebro humano que, actuando como si realmente estuviera en una situación peligrosa, no quiere revivir sucesos especialmente traumáticos, como pueden ser un accidente o una muerte violenta e inesperada.

O bien, si se lo había inventado todo como yo sospechaba, quería evitar inventar su muerte.

Pero ¿y si en realidad esa era la verdad? Admito que estaba en un mar de dudas. Si lo que ella había contado era efectivamente lo vivido en una existencia anterior, en cualquier caso le habría ayudado a mejorar su actual relación con el hombre que parecía ser su alma gemela.

Fue ella misma quien disipó mis dudas. Una vez que volvió a la realidad, dijo entre risas:

–Creo que me lo he inventado todo. Ja, ja, ja. Es de locos... una mujer piloto militar en aquella época, y además en Rumanía...

–Es cierto que parece extraño –comenté tratando de no salirme del tono profesional.

–Perdone que le haga perder el tiempo; ¿le molesta si miro un momento en Google si hubo mujeres piloto durante la Segunda Guerra Mundial? –me preguntó en un tono de voz que arrastraba cierta vergüenza por haberse inventado una historia tan extravagante.

–¡Adelante! –respondí.

La vi escribir en el teclado de su tableta: «Mujer piloto Segunda Guerra Mundial». Yo hice lo propio en mi portátil, que fue más rápido.

–Me lo he inventado todo, ¿verdad? –preguntó, viéndome absorto en la pantalla y en silencio durante un par de minutos.

Entre una mezcla de incredulidad y vergüenza, giré el monitor del ordenador portátil hacia ella para que pudiera ver lo que yo tenía delante.

Había muchas fotografías de mujeres piloto, no solo de la Segunda Guerra Mundial, sino incluso de la primera, que llenaban la pantalla.

–¿Podría comprobar si también hubo mujeres piloto rumanas? –el interés de Inés había crecido drásticamente.

Escribí: «Mujeres piloto Segunda Guerra Mundial Rumanía».

La pantalla volvió a llenarse de fotos.

Inés y yo nos miramos estupefactos durante varios segundos. No podíamos creernos lo que estábamos viendo.

–¿Puedes leer los nombres de estas mujeres? –me preguntó tan pronto como se recuperó del pequeño *shock* causado por la emoción.

Comencé a leer: «Jana Iliescu... Maria Voitec... Stela Hutan... Nadia Russo... Smaranda Braescu...».

Inés se echó a llorar tan pronto como pronuncié este último nombre.

–No sé por qué me ha pasado. No he podido evitar llorar. Al escuchar su nombre, de repente he sentido una gran tristeza. –Y añadió–: Pero yo no podía ser ella; yo no me llamaba así... –Su mente racional había recuperado ya el control total.

–No te preocupes. La información que falta llegará. Tal vez esta noche en un sueño, quizá en forma de intuiciones, meditando o haciendo otra regresión –traté de animarla–. Si mientras tanto tienes alguna duda o pregunta, no dudes en ponerte en contacto conmigo –añadí al despedirme de ella.

Aquella sesión de regresión, que yo esperaba que pudiera surtir los efectos deseados y ayudar a mejorar la existencia actual de Inés, también había resultado de especial ayuda para mí. Mi propia racionalidad se había vuelto a poner en juego a partir de la evidente demostración del hecho de que no es necesario alcanzar un estado profundo de hipnosis para acceder a información veraz. Sin mencionar que la veracidad de la experiencia no está necesariamente relacionada con la riqueza de detalles, que pueden estar limitados por las continuas interferencias de mentes excesivamente racionales.

Transcurridas unas semanas, recibí una llamada de Inés. Me dijo que había logrado saber que en Rumanía estuvo en activo durante la Segunda Guerra Mundial una escuadra femenina llamada «*Escadrila* Alba» y que había tenido noticias de la existencia de una piloto rumana llamada Elena. Tenía intención de hacer en breve un viaje a aquellos lugares para tratar de profundizar en las sensaciones que había experimentado durante la regresión.

Mujeres piloto militares en Rumanía en 1943; sí que habían existido, ¡y tanto! Y eso independientemente de si a mi razón o a la de Inés les gustaba o no les gustaba.

Intuición: 1; racionalidad: 0.

Lamentablemente, tanto hombres como mujeres han participado y continúan participando en guerras innecesarias.

Otra experiencia singular, siguiendo en la temática bélica, es la que experimentó Claudia.

Entró en mi estudio como si tuviera prisa, me saludó a toda velocidad, me estrechó la mano y no dejó de hablar por un momento. Dos enormes ojos azules, que brillaban como faros encendidos, revelaban su fuerte excitación. Era una mujer de mediana estatura de cabello corto y claro, vestía un traje azul como el color de sus ojos, con una chaqueta larga hasta más abajo de las caderas. Su inquietud y su verborrea trataban evidentemente de enmascarar un dolor profundo que mi intuición percibía claro y fuerte.

–¿Cuál es el motivo de tu visita? –le pregunté.

–Mi esposo murió repentinamente hace seis meses. Él era mi alma gemela y no consigo encontrar la paz. Me gustaría saber algo sobre la muerte y por qué sucedió. Todavía lo siento a mi lado y me gustaría entender si ya hemos vivido juntos, si alguna vez tendré la oportunidad de volver a verlo.

Sus expectativas eran altas. Hablé un poco para tranquilizarla y le expliqué la técnica de la regresión. Luego la invité a echarse en el diván e inmediatamente procedí con la inducción. Claudia respondió muy bien a mis instrucciones y sus grandes ojos, bajo los cerrados párpados, inmediatamente comenzaron a moverse muy rápido y sin control, señal de un trance lo suficientemente profundo.

–¿Dónde te encuentras?

–Estoy en Normandía, en la playa de Omaha.

–¿Qué año es?

–Hoy es el 6 de junio de 1944 –respondió sin dudarlo.

–¿Eres un hombre o una mujer?

–Soy un soldado.

–¿De qué ejército? ¿Reconoces el uniforme?

–Soy un marine, con la red alrededor del casco.

–¿Cómo te llamas?

–Alan.

–¿Cuantos años tienes?

–Veintidós.

–¿Qué sucede? –le pregunté al notar que de repente había comenzado a jadear visiblemente.

–Estoy tratando de salir del mar. Llevo en los brazos el rifle y el equipo es muy pesado, ni la ropa ni las botas son impermeables y estamos totalmente mojados.

–¿Hay otras personas contigo?

–Sí, otros soldados. A mi derecha está mi compañero.

–¿Cómo te sientes?

–Hay un olor acre muy fuerte. Están disparando por todos lados. Me arden los ojos y no consigo ver nada. Estoy aterrorizado...

Tenía la cara enrojecida y respiraba con dificultad, como si hubiera entrado en apnea.

–Ahora contaré hasta tres y, cuando te toque suavemente en la frente, respirarás con normalidad y me contarás lo que está sucediendo –dije. Y le toqué la frente.

–Me he caído al agua, pero no es tan profundo y puedo levantarme –respondió una vez comenzó a respirar con normalidad.

Vi que Claudia, sobre el diván, seguía teniendo una expresión aterrorizada, así que añadí:

–Ahora volveré a tocarte la frente y quiero que vayas hacia atrás en el tiempo, hacia un momento anterior a tu partida para la guerra.

Volví a ejercer una ligera presión con el dedo.

–Estoy frente a mi casa.

–¿Dónde se encuentra?

–No sé el nombre exacto del pueblo, sé que estoy en Tennessee.

–¿Puedes describirme la construcción?

–Es de una sola planta. La casa es muy bonita y acogedora, con un jardín delantero que da a la calle. Estoy cerca de un automóvil negro y estoy a punto de partir hacia Europa.

–¿Hay alguien contigo?

–Mi padre y mi madre. He pasado para despedirme de ellos. Tienen mucho miedo de que me pase algo malo, pero tratan de no demostrarlo.

–¿Los puedes describir?

–Mi madre mide cinco pies y cinco pulgadas. –Esa precisión me dejó estupefacto. Parecía conocer con verdadera exactitud la altura de la madre de Alan. No la estaba calculando en aquel momento. Además, había utilizado el sistema imperial de medidas, utilizado en Estados Unidos–. Es una mujer robusta; lleva una falda con una camiseta de cuello redondo, tiene el pelo corto rubio ceniza y sus ojos son azul claro.

–Mírala detenidamente. ¿Reconoces su alma?

–Sí... Sobre sus ojos se superponen otros, son azules y hermosos. Son los de mi hijo en mi vida actual. El hijo de Claudia.

–¿Cómo es vuestra relación?

–Adoro a mi madre –comenzó a decir entre lágrimas–, al igual que Claudia adora a su hijo. Ella es mi vida.

–¿Cómo es el padre de Alan? –le pregunté.

–Cara cuadrada con mandíbulas fuertes, cabello y ojos negros, grandes gafas. Está muy tenso, su expresión es muy seria.

–¿Lo reconoces?

–¡Pues claro! ¡Es mi marido! –Mostró una gran sonrisa–. Qué hermoso volverte a ver, amor mío. ¡Estaba segura de que ya nos habíamos conocido! Como padre me amabas cuando yo era Alan, como esposo me amabas como Claudia, pero la intensidad del sentimiento es la misma. Puedo sentir tu abrazo paterno rodeándome por completo como siento ahora el tuyo como marido.

Esperé unos minutos para darle la oportunidad de disfrutar de ese abrazo lleno de amor.

–¿Morirás en Normandía?

–No. He vuelto. Ahora estoy viendo mi boda. Estoy bailando con mi esposa sobre la hierba y la hago girar, tomándola de la mano.

–¿Cómo es ella?

–Lleva un vestido blanco corto y zapatos de punta. Su largo cabello negro está recogido en un moño del que surge un velo no demasiado largo. Lleva pintalabios rojo –se rio entre dientes. Exactamente como si fuera un joven soldado emocionado y enamorado de su esposa.

–Mírala profundamente a los ojos, por favor.

–Se vuelven... ¡verdes! Son los ojos de mi mejor amiga. Se llama Claudia, como yo.

–¿Amas mucho a tu esposa?

–Sí, nos amamos mucho. El nuestro fue un matrimonio por amor.

–Ahora contaré hasta tres e iremos al momento de tu muerte, de la muerte de Alan. Uno... dos... tres. ¿Dónde te encuentras?

–Estoy en el pequeño jardín frente a la casa. Veo la cerca blanca todo alrededor. Sucede en un instante. Ya no siento dolor.

–¿De qué mueres?

–De un infarto.

–¿Hay alguien contigo?

–No. Todos están en casa ahora. Mi esposa y mis dos hijos, dos varones de dieciséis y siete años.

–¿Qué te está pasando?

–Estoy en el suelo. Mi cara está sobre la hierba. Ahora me veo desde fuera. Mi alma sale del cuerpo y se eleva, por encima de la casa, cada vez más alto. No hay viento, lo veo todo desde arriba. No tengo miedo y ya he llegado a las nubes. Siento una paz increíble. No tengo peso y mi alma continúa ascendiendo. Estoy inmerso en una maravillosa luz blanca.

–¿Qué aprendiste de la vida y existencia de Alan? –le pregunté.

–Que la guerra es inútil y estúpida. Nadie gana. Incluso los ganadores pierden.

–¿Percibes presencias de algún tipo a tu alrededor?

–No. No hay nadie –respondió Claudia, pero tras unos segundos de pausa, continuó–: Sí, ahí está Paolo, mi amigo Paolo. Viene hacia mí sonriendo como si me estuviera hablando, pero en realidad no pronuncia palabras. Percibo que dice: «Hola, gordito –como solía llamarme–

nunca he creído en esto y siempre he dicho que eran tonterías. ¡Y sin embargo ahora estoy aquí!».

La dejé intercambiar algunas palabras con Paolo antes de devolverla a un estado de conciencia normal.

–¡Increíble! –dijo tan pronto como abrió los ojos–. Ahora por fin entiendo algo que sucedió hace muchos años. Era 1972. Estaba en casa viendo las Olimpiadas que se celebraban en Alemania. De repente, al sonar el himno americano me levanté instintivamente y llevé mi mano sobre mi corazón con gran emoción. Entonces no tenía sentido, ahora ya sé por qué lo hice.

–Muchos recuerdos de vidas anteriores permanecen en el inconsciente y las regresiones –observé–, los traen de vuelta a la luz y nos ayudan a vivir mejor el presente.

–¡Es fantástico! Ahora también entiendo la profunda relación con mi amiga que se llama Claudia como yo, que siempre me ha llenado de afecto y a menudo me hace pequeños regalos encantadores. Éramos marido y mujer en la vida de Alan. Somos almas gemelas y nos hemos vuelto a encontrar en esta vida, aunque de otra manera.

–Así es –afirmé. Luego nos despedimos, al menos por aquel día.

Volvimos a hablar alrededor de un año más tarde, cuando me contó que había estado buscando noticias de aquel soldado que ella había sido. Había descubierto que los únicos que desembarcaron en Omaha fueron los marines y que ellos eran los únicos que llevaban una red sobre el casco. También me dijo que había viajado a Normandía para volver a ver aquellos lugares y que reaccionó violentamente cuando la guía turística se negó a llevarla a

Sainte-Mère-Église, puesto que afirmaba que no era un lugar vinculado al desembarco. Pero Claudia sabía muy bien que la invasión había comenzado con el lanzamiento de los paracaidistas.

Me contó cómo revivió su dolor ante las cruces blancas diseminadas sobre la hierba del cementerio americano, mientras se arriaba la bandera acompañada por el sonido de la trompeta; el dolor que sintió al no poder caminar sobre la playa de Omaha, pero que en todo caso aquel viaje le había proporcionado dos experiencias decididamente fuera de lo común. Mientras viajaba hacia Clermont-Ferrand, tuvo un repentino *déjà vu* de tanques estadounidenses que se dirigían hacia el sur. Y una vez más, caminando por las calles de Rouen, volvió de repente a más de setenta años atrás, percibiendo a su lado soldados armados con rifles que inspeccionaban casas y sótanos.

Probablemente todo esto también explique su escasa simpatía hacia Alemania y todo lo que sea alemán.

En su cocina, desde entonces, ondea una gran bandera estadounidense y se ha convertido en una militante pacifista.

¡Si los hombres se convencieran de que no tenemos enemigos porque en el nivel espiritual no hay diferencias entre nosotros! Todos estamos unidos y todos somos el resultado de la misma energía: el amor. En la otra dimensión no hay nada más que amor. Deberíamos aprender a hacer el amor y no a la guerra, como afirmaban los *hippies* en la década de 1970.

Cuando morimos, no dejamos de ser nosotros mismos, nos unimos a la conciencia de todos. Nos convertimos en un solo ser, una gran conciencia colectiva en la que cada parte individual no deja de existir. Todos estamos conectados y la separación es solo una ilusión terrenal. Precisamente por esta razón es importante respetar y amar a cualquier ser sobre la Tierra.

De las historias de Inés y Claudia también se desprende que las almas gemelas se reencuentran durante las múltiples vidas, incluso en diferentes papeles. A menudo nos apresuramos a la búsqueda ansiosa de un alma gemela y no nos damos cuenta de que siempre la hemos tenido al lado, camuflada de hermano o hermana, amigo o amiga, padre o madre, compañero de trabajo, profesor o estudiante, incluso de animal. El amor romántico no es la única forma de amor ni la más profunda. El amor es amor.

Los almas gemelas son como niños jugando al escondite: se persiguen, se encuentran, se separan y a veces hacen travesuras, pero siempre están listas para volver a darse la mano cuando es necesario para aprender juntos las lecciones de amor de esta gran escuela terrenal nuestra.

Pueden regresar como parejas o bajo otros roles o dedicados a otras tareas, lo que en todo caso no les impide permanecer siempre a nuestro lado en una forma espiritual. El tiempo no existe.

Después de casi dos años, por fin recibí noticias de Diana. Era un día de finales de verano cuando me llamó. Estaba en mi zona y deseaba tomar un café conmigo. Y, como nada sucede por casualidad, aquella mañana yo también me encontraba en la ciudad y tenía un par de horas libres.

Nos sentamos al sol en la terraza de un bar. Diana estaba particularmente radiante y emitía una energía extraña y contagiosa.

Me contó que acababa de regresar de un crucero de siete días que le habían regalado por su cumpleaños.

Cuando embarcó, se fijó en el responsable de relaciones públicas que daba la bienvenida a los pasajeros desde el mostrador de recepción. Era un hombre alto y moreno de unos cuarenta años, de uniforme. El blanco del uniforme resaltaba su piel oscura y sus hermosos ojos color ámbar destacaban entre las pobladas pestañas y las negrísimas cejas. Un hombre muy atractivo, pensó Diana.

También sonrió al verla. Se llamaba Yanis, uno de los oficiales del barco. La había saludado en inglés, pero sus palabras mostraban un marcado acento francés, lo que de alguna manera hacía que todo fuera todavía más fascinante. Su mirada parecía intrigante, pero al mismo tiempo tranquilizadora. Sentía que podía confiar en él, como si no fuera ningún extraño.

Al llegar a la cabina, encontró una rosa con una tarjeta sobre el pequeño escritorio de madera oscura situado frente al gran ventanal:

> Me gustaría cenar contigo mañana y mostrarte las bellezas del barco.
>
> *Yanis*

El corazón de Diana comenzó a latir desbocado. Se sentía como una adolescente invitada al baile del instituto, un sentimiento que había olvidado hacía mucho tiempo.

Ahora era una mujer adulta, independiente y consciente de que no se trataba más que de una cena. Aceptó la invitación con gusto.

Yanis se comportó como un verdadero caballero, fue a buscarla al camarote y, una vez en el restaurante, le acomodó la silla para que se sentara a la mesa para dos que él había encargado. Pasaron toda la noche charlando y riendo, como si se conocieran desde hacía tiempo. Yanis era francés, pero su abuelo tenía orígenes árabes, hablaba seis idiomas y había trabajado por todo el mundo. Sus dos últimos trabajos habían sido en cruceros en el mar Báltico y en Japón.

Después de la cena, durante un breve recorrido por el barco, llegaron a la sala de control, donde Yanis le mostró sus conocimientos sobre la sofisticada instrumentación de navegación, y luego encontró un lugar tranquilo donde continuar aquella agradable velada.

Estaban apoyados sobre la barandilla del barco y observaban en silencio la noche estrellada, iluminada por la luz blanca de la luna que se reflejaba en las olas. Yanis interrumpió el silencio:

–Es realmente difícil creer que en otro tiempo los marineros confiaban exclusivamente en las estrellas para seguir la ruta.

Luego levantó un brazo, apuntó con su dedo índice hacia el cielo y dijo:

–Mira, esa es la estrella polar.

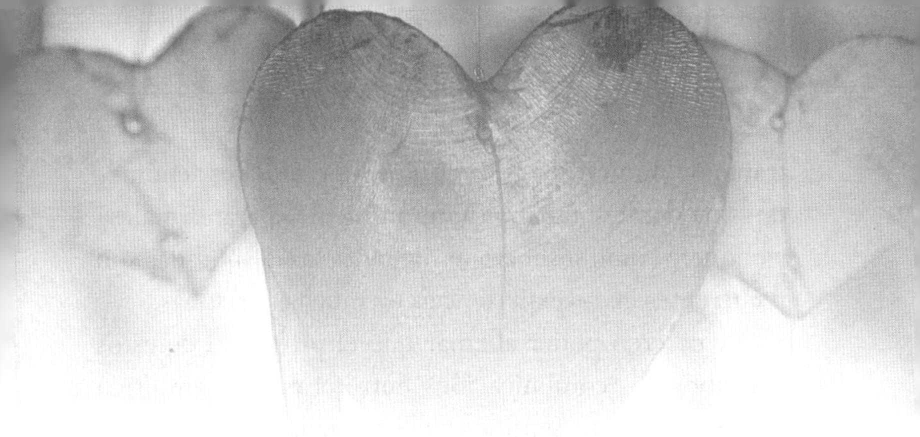

Epílogo

El propósito de este libro es relatar algunos de los testimonios que he reunido en mi ya dilatada experiencia de campo y llevar tranquilidad a muchas personas que, enfrentadas a fenómenos cuanto menos «especiales», podrían llegar a poner en duda su propia salud mental.

Así lo ha querido la ironía del destino. Yo, que por contexto familiar siempre puse la racionalidad en primer lugar, que por formación seguí itinerarios universitarios donde el pragmatismo es una necesidad, que durante años recorrí vías profesionales vinculadas a la absoluta concreción, en un determinado momento entré en mi «camino de Damasco». He podido comprobar desde entonces, a través de numerosos testimonios, que muchos fenómenos que durante mucho tiempo tildé de «paranormales» y etiqueté como invenciones de fantasías desbocadas son recurrentes en las experiencias de muchas personas.

Hoy creo poder afirmar que el propósito de estos episodios de «comunicación» entre el mundo empírico de nuestros cinco sentidos y el extrasensorial siempre es benévolo. La intención nunca es causar daño. El Universo solo desea ayudarnos. Pero debe haber alguien que sepa escuchar. En la mayoría de ocasiones, los mensajes extrasensoriales provienen de personas que nos quieren y que, pese a haber perdido la entidad física, tratan de proporcionarnos momentos de paz y serenidad.

Sin embargo, debido a las películas de Hollywood sobre fenómenos *poltergeist*, con frecuencia estos mensajes no se reciben de forma correcta porque se ven influenciados por nuestro miedo.

Pero, como muchas personas han contado, el miedo no está relacionado con el contenido del mensaje, sino con el carácter inesperado y sorprendente de la «visita».

Algunas personas tienen la capacidad de vivir este tipo de experiencias como un precioso don, mientras que otras rechazan rotundamente la mera posibilidad de que estas cosas puedan suceder, y clasifican sus propias «intuiciones» como invenciones fantasiosas del cerebro. Y por desgracia no hablan de ellas, convencidos de que, si se abstienen de compartirlas, serán capaces de exorcizar lo sucedido. Es una actitud que conozco bien y que me describió durante muchos años. En la actualidad, tras tantas experiencias, después de haber ayudado a tantas personas, de haber reunido tantos testimonios, puedo entender lo infundado, aunque comprensible, de este temor. Ahora me resulta fácil contar mis «percepciones», sin miedo de que me tomen por loco. Y si alguien me señala por ser un visionario, me alegro de ello. Porque esto es exactamente lo que sucede durante una experiencia de regresión. Tienes una visión de tu propia vida sin usar la vista. Por eso, teniendo en cuenta que quienes acuden a mí desean hacer una regresión a una vida pasada, no una operación de neurocirugía, lo justo es que si yo percibo algo que se sale de lo habitual, se lo comunique. Se trata de una especie de «valor añadido» que mejora la experiencia y ayuda a quien vive dicha experiencia a alcanzar un estado de bienestar y de serenidad.

Estoy también convencido de que determinados fenómenos que aparentemente no parecen tener una explicación física y empírica son precisas e importantes herramientas de comunicación con una realidad menos física, pero no por ello menos real. Un auténtico lenguaje que cualquiera puede aprender y utilizar, gracias a esa característica personal que habitualmente llamamos «intuición».

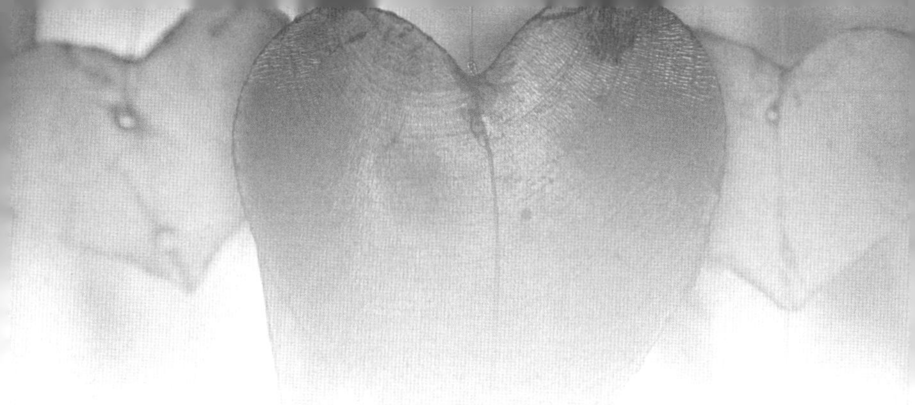

Agradecimientos

En primer lugar, me gustaría expresar mi más profundo agradecimiento y gratitud a todos los protagonistas de este libro por compartir sus historias conmigo.

Mi más sincero agradecimiento también a Carla Cerri por su importante contribución, tanto personal como profesional, y a Giuliana Santin por sus valiosos consejos.

También deseo dar las gracias a mis agentes Piluca Vega y Marta Sevilla de Vega & Sevilla Literary and Film Agency y a Gracia Valenzuela por creer en este segundo libro mío y a todo el personal de Editorial Sirio que ha contribuido a su publicación.

Mi gratitud también va para mi familia y mis queridos amigos por su apoyo y su paciencia sin límites.

Por último, estoy especialmente agradecido a todos vosotros, mis muy queridos lectores, por haberme seguido también en este libro.